现代园林规划设计研究

刘 晶／著

吉林出版集团股份有限公司
全国百佳图书出版单位

图书在版编目（CIP）数据

现代园林规划设计研究 / 刘晶著. -- 长春 : 吉林
出版集团股份有限公司, 2021.6
ISBN 978-7-5581-9999-8

Ⅰ.①现… Ⅱ.①刘… Ⅲ.①园林设计—研究 Ⅳ.
①TU986.2

中国版本图书馆CIP数据核字(2021)第149545号

XIANDAI YUANLIN GUIHUA SHEJI YANJIU

现代园林规划设计研究

著　　者	刘　晶	责任编辑	刘晓敏
出版策划	齐　郁	封面设计	雅硕图文

出　　版	吉林出版集团股份有限公司
	（长春市福祉大路5788号，邮政编码：130118）
发　　行	吉林出版集团译文图书经营有限公司
	（http://shop34896900.taobao.com）
电　　话	总编办 0431-81629909　营销部 0431-81629880/81629881

印　　刷	长春市华远印务有限公司	开　本	787mm×1092mm　1/16
印　　张	14	字　数	230千
版　　次	2022年6月第1版	印　次	2022年6月第1次印刷
书　　号	ISBN 978-7-5581-9999-8	定　价	68.00元

印装错误请与承印厂联系

苏州环秀山庄的山、水、亭、桥　　　　承德避暑山庄的环水与山亭

苏州园林中的太湖石

西安园博会园林小景

园林中的建筑

门所造就的景深，庭院深深深几许

网师园中可游可憩客观的绕水景观

花影、光晕、倒影、建筑、水波构成的人文色彩浓厚的艺术景观

一潭静水造就丰富元素

游廊将一路风景联系在一起

竹影轩窗

拙政园的小长虹与水中的倒影形成虚实景观

泰山经石峪的高山流水景观形成丰富而明快的肌理对比

垂柳与荷花，使亭中人宛若水中央　　　　　　上海新场古镇上的小石板桥

镇江博物馆高绿篱背景

艺圃浴鸥小院斑驳的月亮门

南京明孝陵列植的神道绿化景观

西安历史景观中建于山上亭

蜿蜒的长廊，引向园林深入

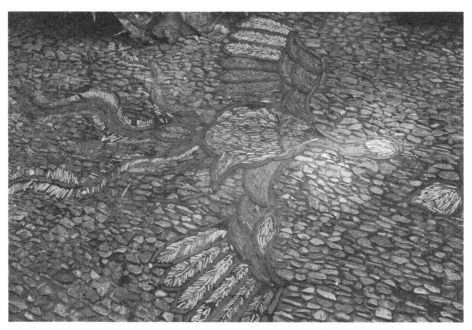

留园凤凰图案的铺地

对植的树木与岳麓书院的中轴对称的布局

留园的一汪碧水承托起亭台楼谢古建筑群

青岛八大关景区高植的树木围合成一个静谧的休憩空间

个园的山亭覆盖出一个可以远眺的休闲空间

平静的水面与高低错落的植物构成诗意景观

苏州河流、白墙、绿柳三大元素的在朝朝暮暮

窗框外的芭蕉

夕阳下的层层空间

花窗外的风景

目　录

第一章　园林规划设计概述

第一节　园林规划设计的含义

一、园林规划设计概述

（一）园林的含义

园林是指专供人游玩休息的种植了花草树木的地方。现代对园林的解释是在一定范围内，主要由地形地貌、山、水、植物、建筑、园路、广场，动物等要素组成，根据一定的自然、艺术和工程技术规律组合建筑而成的环境优美的，主要供休息、游览和文化生活、体育活动的空间境域称为园林。

（二）规划的含义

有筹划；计划，尤指比较全面的长远的发展计划，如长期规划。

（三）设计的含义

按照任务的目的和要求，预先定出工作方案和计划，绘出图样。

（四）园林规划设计的含义

园林规划设计包含园林绿地规划和园林绿地设计两个含义。

1.园林绿地规划（发展规划）

对未来园林绿地发展方向的设想、安排。由各级园林行政部门制订。发展规划包括：长期规划、中期规划、近期规划。国家林业局制订了《全国生态环境建设规划（林业部分）》：

（1）近期目标：城市绿化覆盖率达到30%。

（2）中期目标：城市绿化覆盖率达到35%。

（3）长期目标：城市绿化覆盖面积占城市总面积的40%左右。

2.园林绿地设计

在一定的地域范围内，在规划的原则下，运用园林艺术和工程技术手段，通过改造地形、种植树木、花草、营造建筑和布置园路等途径创作而建成美的自然环境和生活、游憩境域的过程。

（五）园林设计的内容

1.地形设计

2.建筑设计

3.种植设计

4.园路设计

5.园林小品设计

二、园林规划设技的关系和成果

（一）园林规划设计的关系

园林绿地规划从大的方面讲，是指明对未来园林绿地发展方向的设想安排，其主要任务是按照国民经济发展需要，提出园林绿地发展的战略目标、发展规模、速度及投资等。这种规划是由各级园林行政部门制定的。由于这种规划是若干年以后园林绿地发展的设想，因此常常制定出长期规划、中期规划和近期规划，用以指导园林绿地的建设。这种规划也叫发展规划。另一种是指对某一个园林绿地（包括已建和拟建的园林绿地）所占用的土地进行安排和对园林要素如山水、植物、建筑等进行合理的布局与组合，如一个城市的园林绿地规划，结合城市的总体规划，确定出园林绿地的比例等。要建一座公园，也要进行规划，如需要划分哪些景区，各布置在什么地方，要多大面积以及投资和完成的时间等。这种规划是从时间、空间方面对园林绿地进行安排，使之符合生态、社会和经济的要求，同时又能保证园林规划设计各要素之间取得有机联系，以满足园林艺术要求。这种规划是由园林规划设计部门完成的。

通过规划虽然在时空关系上对园林绿地建埤进行了安排，但是这种安排还不能给人们提供一个优美的园林环境。为此要求进一步对园林绿地进行设计。所以园林绿地设计就是为了满足一定目的和用途，在规划的原则下，围绕园林地形，利用植物、山水、建筑等园林要素创造出具有独立风格，有生机，有力度，有内涵的园林环境，或者说设计就是对园林空间进行组合，创造出一种新的园林环境。这个环境是一幅立体画面，是无声的诗，它可以使游人愉快、欢乐并能产生联想。园林绿地设计的内容包括地形设计、建筑设计、园路设计、种植设计及园林小品等方面的设计。

（二）园林规划设计的最终成果

园林规划设计的最终成果是园林规划设计图和说明书。但是它不同于林业规划设计，因为园林规划设计不仅要考虑经济、技术和生态问题，还要在艺术上考虑美的问题，要把自然美融于生态美之中。同时还要借助建筑美、绘画美、文学美和人文美来增强自身的表现能力。园林绿地规划设计也不同于工程上单纯制平面图和立面图，更不同于绘画，因为园林绿地规划设计是以室外空间为主，是以园林地形、建筑、山水、植物为材料的一种空间艺术创作。

（三）园林规划设计时的要求

园林绿地的性质和功能规定了园林规划的特殊性，为此在园林绿地规划设计时要符合以下几方面要求。

1.在规划之前先确定主题思想

园林绿地的主题思想，是园林规划设计的关键，根据不同的主题，就可以设计也不同特色的园林景观来。

如苏州拙政园中"听雨轩"以"听雨"为主题，设计为"听雨"庭院。在设计景观和配置植物时，都围绕"听雨"这一主题。在"听雨轩"前设一泓清水，植有荷花；池边有芭蕉翠竹。这里无论春夏秋冬，雨点落在不同植物上，加上听雨人的心态各异，就能听到各具情趣的雨声，境界绝妙，别有韵味。

"蕉叶半黄荷叶碧，两家秋雨一家声"，此处蕉、竹、荷兼具，雨声潇潇别有一番情趣。苏州拙政园"听雨轩"其后也种植一丛芭蕉，前后相应而另一河道公园以满族文化为主题，按照满族的历史发展轨迹逐一展开。在整个公园的景观营造中都紧扣这一主题，处处体现满族文化。

不同主题，不同景色。因此，在园林规划设计前，设计者必须独具匠心，仔细推敲，确定园林绿地的主题思想。这就要求设计者有一个明确的创作意图或动机，也就是先立意。意是通过主题思想来表现的，意在笔先的道理就在于此。另外，园林绿地的主题思想必须同园林绿地的功能相统一。

2.运用生态原则指导园林规划设计

随着工业的发展，城市人口的增加，城市生态环境受到破坏，直接影响到城市人民的生存条件，保持城市生态平衡已成为刻不容缓的事情。为此要运用生态学的观点和途径进行园林规划布局，使园林绿地在生态上合理，构图上符合要求。具体地来说，园林绿地建设应以植物造景为主，在生态原则和植物群落原则的指导下，注意选择色彩、形态、风韵、季相变化等方面具有特色的树种进行绿化，使景观与生态环境融于一体，或以园林景观反映生态主题，使城市园林既发挥了生态效益，又表现出城市园林的景观作用。

3.园林绿地应有自己的风格

在园林规划设计中，如果流行什么就布置什么，想到什么就安排什么，或模仿别处景物盲目拼凑，就会造成园林形式不古不今，不中不外，没有风格，缺乏吸引游人的魅力。

什么是园林风格？每处园林绿地，都罩有自己的独到之处，有鲜明的创作特色，有鲜明的个性，这就是园林风格。有人认为，园林风格是多种多样的。在统一民族风格下，有地方风格、时代风格等。园林地方风格的形成，受自然条件和社会条件的影响。长期以来，中国北方古典园林多为宫苑园林，南方多私家园林，加上气候条件、植物条件、风土民俗以及文化传统的不同，使得园林风格北雄南秀，各不相同。

北方园林因地域宽广，所以范围较大；又因大多为百郡所在，所以建筑富丽堂皇。因受自然气象条件所局限，河川湖泊、园石和常绿树木都较少。由于风格粗犷，所以秀丽媚美则显得不足。北方园林的代表大多集中于北京、西安、洛阳、开封，其中尤以北京为代表。

南方人口较密集，所以园林地域范围小；又因河湖、园石、常绿树较多，所以园林景致较细腻精美。因上述条件，其特点为明媚秀丽、淡雅朴素、曲折幽深，但面积小，略感局促。南方园林的代表大多集中于南京、上海、无锡、苏州、杭州、扬州等地，其中尤以苏州为代表。

园林的时代风格形成，也常受到时代变迁的影响。当今世界，科学技术迅猛发展，世界各国的交流日益频繁，随着新技术的发展，一些新材料、新技术、新工艺、新手法在园林中得到了广泛的应用，从而改变了园林的原有形式，增强了时代感。如在园中，采用了电脑控制的色彩音乐喷泉，与时代节奏和拍，体现了时代的特征。

北海银滩国家旅游度假区的音乐喷泉，巨型不锈钢雕塑"潮"由环绕着的5250个喷头和3000盏水下彩灯组成，以大海、潮水为背景，与钢球、喷泉和七个裸体少女青铜像遥相呼应，互为映衬，显示出海的风采，构成了潮的韵律。每当夜幕降临，水声、音乐声、涛声与变幻的激光彩灯融为一体，最高水柱可达到70米，气势磅礴，身临其境如人间琼台。

园林风格的形成除受到民族、地方特征和时代的影响外，还受到园林设计者个性的影响。如清初画家李淦民所造的石山以瘦、漏、透为佳。苏州的太湖石以"瘦、漏、皱、透、丑"为特点，其中留园中的冠云峰则主要体现了"瘦"的特征，而唐代白居易却善于组织大自然中的风景于园林之中。这些园林的风格，也分别反映出园林的个性。上海豫园中的"翠玲珑"也为著名太湖石之一，其中它则以"漏，透"为主要特征。

所谓园林的个性就是个别化了的特性，是对园林要素如地形、山水、建筑、花木等具体园林中的特殊组合，从而呈现出不同园林绿地的特色，防止了千园一面的雷同现象。中国园林的风格主要体现在园林意境的创作、园林材料的选择和园林艺术的造型上。园林的主题不同，时代不同，选用的材料不同，园林风格也不相同。

苏州拙政园为典型的中国古典园林，其中的香洲因临池而建，并把千叶莲花比作香草，莲荷芳香四溢，故取名"香洲"，又名芳洲。形似画舫，上楼下轩，三面伸入水中，贴近水面。船头是台，船舱为亭，内舱是阁，船尾为楼，高三层。船旁小石桥不设栏杆象征为跳板。

（四）园林规划设计的作用和对象

1.园林规划设计的作用

城市环境质量的高低，在很大程度上取决于园林绿化的质量，而园林绿化的质量又取决于对城市园林绿地进行科学的布局，或称之为规划设计。通过规划设计，可以使园林绿地在整个城市中占有一定的位置，在各类建筑中有一定的比例，从而保证城市园林绿地的发展和巩固，为城市居民创造一个良好的工作、学习和生活的环境。同时规划设计也是上级主管部门批准园林绿地建设费用和园林绿地施工的依据，也是对园林绿地建设检查验收的依据。所以园林绿地没有进行规划设计是不能施工的。

2.园林规划设计的对象

当前我国正处在改革开放的新时期，我们不仅要建设一批新城镇，而且还要改造大批旧城镇。因此，园林规划设计的对象主要是这些新建和需要改造的城镇还有各类企事业单位。具体是指城镇中各类风景区、公园、植物园、动物园、街道绿地等公共绿地规划设计；公路、铁路、河滨、城市道路以及工厂、机关、学校、部队等一切单位的绿地规划设计。对于新建城镇、新建单位的绿化规划，要结合总体规划进行，对于改造的城镇和原有单位的绿化规划，要结合实际城镇改造统一进行。

三、园林规划设计依据的原则

（一）园林规划设计的依据

园林规划设计的最终目的是要创造出景色如画、环境舒适、健康文明的游憩境域。一方面，园林是反映社会意识形态的空间艺术，园林要满足人们精神文明的需要；另一方面，园林又是社会的物质福利事业，是现实生活的实境，所以还要满足人们拥有良好的休息、娱乐的物质文明的需要。

1.科学依据

如工程项目的科学原理和技术，如生物科学、建筑学及水、土科学等。在任何园林艺术创作过程中，都要依据工程项目的科学原理和技术要求进行。如在园林中，要依据设计要求结合地形进行园林的地形和水体规划。设计者必须对该地段的水文、地质、地貌、地下水位、北方的冰冻线深度、土壤状况等资料进行详细了解。可靠的科学依据，为地形改造、水体设计等提供了物质基础，避免产生水体漏水、土方塌陷等工程事故。种植各种花草、树木，也要根据植物的生长要求，生物学特性，根据不同植物喜阳、耐阴、耐旱、怕涝等不同的生态习性进行配植。一旦违反植物生长的科学规律，必将导致种植设计的失败。对园林建筑、园林工程设施，更有严格的规范要求。园林规划设计关系到科学技术方面的问题很多，有水利、土方工程技术方面的，有建筑科学技术方面的，有园林植物、动物方面的生物科学问题。所以，园林设计的首要问题是要有科学依据。

2.社会需要

如游憩职能，园林属于上层建筑范畴，它要反映社会意识形态，为了广大人民群众的精神与物质文明建设服务。《公园设计规范》指出，园林是完善城市四项基本职能中游憩职能的基地。所以，园林设计者要了解广大人民群众的心态，了解全心全意对公园开展活动的要求，创造出能满足不同年龄、不同兴趣爱好、不同文化层次的游人需要的，面向大众，面向人民的园林。

3.功能要求

如功能（分区）决定设计手法，园林设计者要根据广大群众的审美要求、功能要求、活动规律等方面的内容，创造出景色优美、环境卫生、充满情趣、舒适方便的园林空间，满足游人游览、休息和开展健身娱乐活动的功能要求。园林规划设计空间应当定于诗情画意，处处茂林修竹、绿草如茵、繁花似锦、山清水秀、鸟语花香，令游人流连忘返。不同的功能分区，选用不同的设计手法。如儿童活动区，要求交通便捷，一般要靠近主要出入口，并要结合儿童的心理特点，该区的园林建筑造型要新颖，色彩要鲜艳，空间要开阔，形成一派生机勃勃、充满活力、欢快的景观气氛。

4.经济条件：有限投资条件下，发挥最佳设计技能

经济条件是园林设计的重要依据。经济是基础，同样一处园林绿地，可

以有不同的设计方案，采用不同的建筑材料、不同规格的苗木、不同的施工标准，给有不同需要的建园投资。当然，设计者应当在有限的投资条件下，发挥最佳设计技能，节省开支，创造出最理想的作品。

综上所述，一项优秀的园林作品，必须做到科学性、社会性、功能性、经济性和艺术性的紧密结合、相互协调、全面运筹，争取达到最佳的社会效益、环境效益和经济效益。

（二）园林规划设计的原则

"适用、经济、美观"是园林设计必须遵循的原则。园林设计工作的特点有较强的综合性，所以要求做到适用、经济、美观三者之间的辩证统一。三者之间的关系是相互依存、不可分割的。当然，与任何事物的发展规律一样，三者之间在不同的情况下，根据不同性质、不同类型、不同环境的差异，彼此之间要有所侧重。

一般情况下，园林设计首先要考虑适用的问题。所谓适用，要因地制宜，具有一定的科学性；园林的功能要适合于服务对象。适用的观点带有一定的永恒性和长久性。就连普天之下，莫非王土的清代皇帝，在建造帝王宫苑颐和园、圆明园时也考虑因地制宜，具体问题具体分析。

颐和园原先的瓮山和瓮湖已具备大山、大水的骨架，经过地形整理，依照杭州西湖，建成了万寿山、昆明湖的山水骨架，以佛香阁为全园构图中心建造出主景突出式的自然山水园。与颐和园毗邻的圆明园原先是丹凌三片地貌，自然喷泉遍布，河流纵横。根据圆明园的原地形和分期建设的情况，建成在平面构图上以福海为中心的集锦式的自然山水园。由于因地制宜，适合于原地形的状况，从而创造出独具特色的园林佳作。

在考虑是否适用的前提下，其次是经济问题。实际上，正确地选址，因地制宜，巧于因借，本身就减少了大量投资，也解决了部分经济问题。经济问题的实质，就是如何做到事半功倍，尽量在投资少的情况下多办事，办好事。当然，园林建设要根据园林性质确定必要的投资。

在适用、经济的前提下，尽可能地做到美观，满足园林布局、造景的艺术要求。在某些特定条件下，美观则应被提到最重要的位置上。实质上，美、美感，本身就是一种适用，也就是它的观赏价值。园林中的孤置假山、雕塑作品等起到装饰、美化环境的作用，创造出感人的精神文明氛围，这就是一种独特的适用价值、美的价值。

在园林设计过程中，适用、经济、美观三著之间不是孤立的，而是紧密联系不可分割的整体。如果单纯地追求适用、经济，不考虑园林艺术的美感，就会降低园林的艺术水准，失去吸引力，不受广大群众的喜爱；如果单纯地追求美观，不全面考虑适用和经济问题也是不可以的，必须在适用和经济的前提下，尽可能地做到美观。美观必须与适用、经济协调起来，统一考虑，才能最终创造出理想的园林设计艺术作品。

第二节　规划设计案例分析
——北京元大都城垣遗址公园规划设计

一、历史概况

北京建都从金中都至今已有830年的历史，而元大都土城始建于1267年，历时9年，距今700余年。它是由汉臣科学家刘秉忠负责规划督建，郭守敬负责攝理河道，共同完成的，是当时世界上最宏伟、壮丽的城市之一。元代土城能遗存至今，是因为明代建都时为了便于防守，将元大都城空旷的北部废弃，南缩了2.5千米，在今德胜门一线重筑新城，被遗废的北城逐渐荒废坍塌，护城河道堵塞。土城公园于1957年被列为市文物古迹保护单位，并于20世纪80年代开始规划设计，形成了初步的绿化格局。

二、地理位置及现状

元大都城垣遗址公园全长9千米，分跨朝阳和海淀两大区，宽130～160米不等，总占地面积约113平方千米，是京城最大的带状休闲公园。小月河（旧称土城沟）宽15米，贯穿始终，将绿带分为南北两部分。改造前的现状虽有一些园林景点，像蓟门烟树、紫薇入画、海棠花溪、大都茗香等，但整体水平杂乱无序，环境脏乱，作为奥运景观工程的重要组成部分，急需改善。

三、设计内容

（一）公园定位

公园作为北京奥运景观工程的一个重要组成部分，是集历史遗址保护、市民休闲游憩、改善生态环境于一体的大型开放式带状城市公园，力求创建一个"以人为本，以绿为体、以水为线、以史为魂"的精品园林。

（二）公园概况

公园整体是由三条主线（即土城遗址、绿色景观及历史文化）和五个重要节点（即蓟门烟树、银波得月、古城新韵、大都鼎盛及龙泽鱼跃）组成，点线结合，景点设计因地而异，穿插其间，主次分明，使土城遗址、文化景点与城市的关系得到了融合。

1.保护和整修遗存的土城遗址，全面提升它的景观品质，实现传统文化遗产应有的社会价值。土城作为元代重要的遗存，至今没有受到重视和认知，主要是没有得到应有的尊重。长期的取土、坍塌、践踏，使昔日雄浑的土城面目全非，与普通的土山没有什么区别。所以首先应提高人们保护和尊重文物的意识，本案请文物保护部门划定了文物保护线并订桩，勾画出土城基本位置的痕迹，在保护范围内，本案设计了围栏、台阶、木栈道、木平台及合理的穿行。参观需要的交通路线，避免继续踩踏土城。同时提倡普遍植草，可以起到固土、防尘的作用，并在坍塌的地方做断面展示及文字说明，整修的重要节点为蓟门烟树，水关及角楼遗址等。

2.绿色景观这条线包含了两部分内容：亲水景观和植物景观的设计。

（1）改造护城河，创造亲水环境：现在的小月河又称土城沟，其位置是原来的土城护城河。史料记载当时的护城河宽窄不一，深浅不一，解放后被改为钢筋混凝土驳岸，并被作为城市的排污河，完全失去了自然感。本次结合截污工程，尽量恢复原有的野趣及亲水景观，并发挥其横向串联，竖向联系的作用。先将原来的河岸降低，形成斜坡绿化，同时结合景点设计将河道局部加宽，并种植芦苇、菖蒲等水生植物，形成郊野的自然景观，加宽的局部也可以作为码头全线通船。另外，在多处设了临水平台和休息广场。

（2）强化植物景观的季相变化，改善城市密集区的生态环境：土城公园是城市的绿化隔离带，是一条绿色的屏障，同时作为城市的开放空间，与城市又有9千米长的界面，是这一区域重要的城市流动空间的景观，所以植物的色彩和季相变化是最好的表现方式。本案在此设计的四季景观有：城台叠翠、杏花春雨、蓟草芬菲、紫薇入画、海棠花溪、城垣秋色等。这些植物景观利用带状绿地的优势，大尺度，大空间，成片成带，形成色彩变化的街景，同时这些植物景观又具有一定的文化内涵。

3.尊重历史，强化文脉，普及和提升元代文化的历史作用：在尊重历史、保护和延续遗址的同时，不应脱离现实生活，应尊重和满足现实文化生活的需要，如果忽视了利用，就会淡薄人们对这段历史的关心。因此本案在设计时除了表达这片土地固有的文化记忆外，还应适当加以引申和补充，借题发挥，面向新一代年轻人，使其从中得到教育和启发，激发爱国精神和民族自豪感。

已经遗存七百余年的土城一直未引起人们的重视，原因之一是它与最初16米高时的形象已相差甚远，现状多为3~5米的土山，再加上树枝遮掩，感觉非常平淡，缺乏视觉冲击力，很难再感受到土城昔日的辉煌。因此，本案在设计中，特别是对竖向景观的处理，利用雕塑，壁画，城台及各类小品的形象语言，以在局部竖向吸引人的点来打破整体连绵数公里的平淡土城，产生兴奋点，同时展现元大都的繁荣昌盛，科技发达及尚武骑射等一些特点。这类新增的景观，本案选在土城荡然无存的地段，将断开的土城联结起来。因为我们设计了与土城气势相同的带状巨型雕塑群，其创意是感觉群雕犹如从土城中生长出来的一样，好似是土城的一部分，雕塑风格粗犷有力，质朴自然，材料选用近似黄土的黄花岗及黄砂岩，使其与土城融为一体。

这类大型景点在海淀，朝阳各一处，分别位于两区绿化队拆迁后的空地上，海淀段位于花园路，主题为"大都建典"。主雕塑高9米，总长80米的雕塑壁画群，展现建都时的盛况，如忽必烈骑象辇入京的典故等，特别突显了土城的规划者刘秉忠的雕像。而整个9千米长的土城公园最大的景区在朝阳段的安定门，主题为"大都鼎盛"，定义为"露天博物馆"的形式，反映元朝经济文化发达，军事强盛的气势，主雕加城台高12米，台长60米，气势雄伟，主雕群设在一座好似土城城台的平台上，抬高6米，台下拟建金代文化展览馆，人们既可登高望远，又可与雕像穿插交流，散点式的雕像布局使人们可自由接近，产生互动，完全融入其间。主雕坐北朝南，位于胜古庄西路的轴线终端，成为了新的城市景点，台前文化广场作为定期举办元文化的各类纪念活动场地，平时为周边居民的晨练广场。其他的一些文化景点因地适宜、点到为止，注重与周边的融合，如文化柱，大汉亭、元妃亭、马面广场等。

（三）主要景观区

1. "龙泽鱼跃"

在公园的最东端，城市轻轨与小月河斜向交汇出一块兰角地，形似龙头，面积约17000平方米，形成具有郊野风光的自然野趣湿地园，成为北京市城区内最大的人工湿地。清澈自然的水潭小溪，鱼儿在其间快活的畅游，青蛙野鸟栖息于小岛及芦苇丛中，形成了十分自然和谐的景致。古人对土城外的自然风光曾有过这样的描述："落雨翠花随处有，绿茵啼鸟坐来闻。"追求自然野趣是现代人的时尚需要，也是人们渴望回归自然的精神需要。置身园中，眼前的水面、自然山石和植物，处处体现出"虽由人作，宛自天开"的境界。人在木制栈道上行走，可以欣赏溪中的鱼儿和水草，还有不时掠过天空的小鸟。水边有木制的休息亭，路边有自然的山石及木桩、木凳。园中道路由碎石、石子和石板铺砌而成，身临其境，野趣十足，使人忘记身在北京城中，仿佛置身于古老的土城郊外。

2. "双都巡幸"

景区是公园的最西端，在建德门桥东侧。至元元年忽必烈正式在燕京设立都城，并改名为"中都"，至元九年又将其地位提升称为"大都"。当时在草原上有另一个政治中心为开平府，称为"上都"。这种两都并立，是元代政治统治的特点之一。每年春天，元帝携同后妃，诸多贵族及大小官吏等，从大都前往上都度夏，秋天再从上都返回大都过冬。年复一年，从无例外，形成了"双都巡幸"的习俗。景区内的"双都巡幸"浮雕墙生动的反映了元帝春秋往返，百官迎送的场面，使广大游客在了解元帝国强盛的同时，又了解到其草原文化与中原文化相结合的特征以及大都和上都并重的政治统治特点。景区内还设有游船码头，泛舟于清澈的河中，游客可尽览小月河两岸如诗如画的景致。

3."四海宾朋"

景区位于中华民族园南侧，此景区反映了元代是个对外开放的国家，礼贤纳士，世界各国纷纷前来朝拜、觐见或进行交往的政治特点。景区北侧三个下沉式马面广场上的"青花瓷器"、"箭与盾"、"铜城铁壁"雕塑反映了元朝艺术、军事等方面的成就。景区南侧将原来的"百鸟园"迁走，为游客铺设了广场，同时在景区内保留了"百鸟园"石碑和部分飞禽，使游客在鸟语花香中感受到"百鸟园"的存在。

青花瓷器技术在元代景德镇发展到了高峰，雕塑选用元代特有的扁瓶作为主造型，采用民间传统工艺配合现代金属材料创造出极具现代感的新视觉。瓶子上方的镂空处理使得作品显得更加灵动巧妙，而盘子和半截青花瓶更像是刚出土的文物一样，和主造型的扁瓶形成高低错落的造型，像音乐一样富有节奏和韵律。

雕塑采用富于创造性的戏剧效果模拟了古代的战争场面，乱箭齐飞、攻守相济，采用盾牌插满乱箭的形式造成一种空间错觉，让我们仿佛在金戈铁马声中梦回元朝。

火药是中国的四大发明之一，在宋代对外战争的"火炮"里就已得到了运用。到了元代，随着制造技术的增强，制成了壁厚、体沉，真正具有大杀伤力的管形火器，这是世界兵器史上的一大创举。此雕塑正是回忆了当年威力无比的火炮坚守在大都城垣上那无限威严的场面。看着这一半掩埋在地下，一半露出的火炮以及炮弹、炮架，我们的耳边仿佛又响起了阵阵轰鸣。

4."海棠花溪"

景区位于熊猫环岛东侧，经整理、修缮、提高后保留下来，景区内种植了西府海棠、贴梗海棠、金星海棠、垂丝海棠等诸多品种的海棠树近2000株，是城区内最大的海棠林。每年四月中下旬，海棠花竞相开放，红白桷间、花潮如海、蜂飞蝶恋、游人如织、微风吹来，落英缤纷。海棠林中有一座观花台，台上矗立着一座桃红色石碑，正面是著名书法家刘炳森题写的"海棠花溪"四个隶书大字，背面刻有唐宋两朝诗人咏诵海棠的著名诗句。拾级而上，小月河两岸的景色尽收眼底，绿树与花海相应，碧云芳菲，花香四溢，令人心旷神怡。

5. "大都鼎盛"组雕

这是北京市最大的室外组雕，雕塑造型粗旷有力，用最符合土城特色的砂岩、粗陶和人造石制成，以忽必烈和元妃的石像为中心。

"大都鼎盛"组雕共有十九个人物，除忽必烈、元妃、意大利旅行家马可波罗、中国著名天文学家郭守敬、尼泊尔建筑师及雕塑家阿尼哥等代表性人物外，还有文官、武将、指挥官、宗教人士和一些外国的使节、朝拜者和各国演奏歌舞的艺术家等。主雕像忽必烈及元妃分别高5.8米和6.6米，马可波罗、郭守敬、马队军帅等高约4至7米，大体量立雕及其它雕刻人物高约3米。元世祖忽必烈身材魁梧，威严地仡立于天地之间，目光温和深邃运筹帷幄之中，决胜千里之外的雄韬伟略和安邦定国、治国安天下的雄才大略藏于眉宇之间。美丽的元妃庄重而平和地站在忽必烈身边，将元帝国的大国风仪显现于无形之中。

总长达80米的壮观壁画把元朝在政治、经济、军事、文化教育等方面的特点展现得淋漓尽致。中心壁画反映的是大都的皇城、内城的面貌以及经济文化、物质交流等方面的情况。大都的布局，依据的是儒家经典《周礼考工记》所规定的原则："匠人营国，方九里，旁三门。国中九经九律，经涂九轨。左祖右社，面朝后市。"大都的平面规划呈一个南北略长的长方形，由外郭城、望城、宫城自外向内三重套合组成。以太液池风景区为中心，由宫城、隆福宫和兴圣宫三大壮丽的建筑群组成皇城。另外，壁画对海运、物流方面也进行了刻画。元朝的漕运和海运十分发达，主要的运河有三条，分别为济州河、会通河和通惠河，他们极大地便利了南北交通和物资交流。各国大量的客船、货船及从丝绸之路而来的驼队、马队云集大都，各国、各族人民在此进行物质文化交流，大大促进了当时的经济文化发展。东侧的壁画描述了元代公主出嫁的盛大场面，也反映了社会的宗教情况。当时，人们信奉的主要宗教有：儒教、萨满教、佛教、道教、基督教和伊斯兰教。画面上除了显示元代风格的宫殿、学府、教堂、居民建筑外，还介绍了元代一些著名的历史人物。

6."水街华灯"

由于河道与道路之间有几米的高差，有利于修筑半地下建筑，并使其临水而居。这些建筑的功用主要是娱乐、商业和旅游，不仅具有公园的休闲服务功能，也为附近的居民提供了一个良好的娱乐场所。景区南岸由于土城保存较好，可以展现土城城垛"马面"的轮廓线，因此其绿化较为完整的保留下来，并在游客活动处铺设了林下广场，在水边设置了"元曲广场"，方便群众的健身娱乐活动。

本雕塑用波斯造型的瓶子来暗喻当时的元代是个对外开放的国家，礼贤纳士，世界各国纷纷前来朝拜、觐见或进行交流。雕塑由一个斜淌着水的瓶子和大半个圆瓶组合构成，静中有动，瓶上绘有波斯图案，演绎出一种异国情调。

雕塑将坚硬的岩石精雕细刻出炮车的车轮，并以大刀阔斧的手法凿出火炮基座，基座上方的元代火炮造型由生铁铸成。塑造出一种因年代久远而风化的艺术效果这座大炮雄壮而威武，为我们讲述那段久远的历史故事。

本雕塑群充分展示了元代军队的勇猛和不可侵犯性，近7米高的勇士驾驭着战车，率领着庞大的马队，强壮的牛队拉着护有展翅雄鹰的帐篷。气势磅礴，犹如从石缝中瞬间迸发而出，在视觉上给人以强烈的冲击和震撼。

蒙古马素有"龙驹"之称，能日行百里，以肌腱圆浑饱满、身姿矫健、四肢灵活强壮及善走著称。元代，马既是蒙古族人民的生产和交通工具，又是勇敢和力量的象征，在社会发展与生活中和蒙古族人民结下了不解之缘。雕塑通过各种姿式的骏马形象，表现出元代蒙古族人民勇敢剽悍的性格和不畏艰险、勇往直前的精神。

历史是前进和发展的，雕塑通过残缺的战车车轮、马鞍及马蹬告诉我们——强大的帝国已经失去了昔日的辉煌，一切都成为了历史，给我们留下的只是残缺的记忆。往事越千年，但今天的中国依然强大。通过这组雕塑使人们回顾历史、追忆往事，激励我们现代人与时俱进，把我们的国家建设的更加强大。

第三节　中外园林发展简史及功能

一、中外园林发展简史

园林是人类社会发展到一定阶段的产物。世界园林有东方、西亚和希腊三大系统。由于文化传统的差异，东西方园林发展的进程也不相同。东方园林以中国园林为代表，中国园林已有数千年的发展历史，具有优秀的造园艺术传统及造园文化精髓，被誉为世界园林之母。中国园林从崇尚自然的思想出发，发展成山水园林。西方古典园林以意大利台地园和法国园林为代表，把园林看作是建筑的附属和延伸，强调轴线、对称，发展成具有几何图案美的园林。到了近代，东西方文化交流增多，园林风格也互相融合渗透。

（一）中国园林发展经历的历史阶段及其历史文化背景

萌芽期—形成期—发展、转折期—成熟期—高潮期—变革期—新兴期

1.萌芽期

中国园林的兴建是从商殷时期开始的，当时商朝国势强大，经济发展也较快。文化上，甲骨文是商代巨大的成就，文字以象形字为主。在甲骨文中就有了园、囿、圃等字，而从园、囿、圃的活动内容中可以看出，囿最具有园林的性法。在商代，帝王、奴隶主盛行狩猎游乐。《史记》中记载了银洲王"益广沙丘苑台，多取野兽蛮鸟置其中。……乐戏于沙丘"。囿不反可以供帝王狩猎游乐，同时也是欣赏自然界动物活动的审美场所。因此说，中国园林萌芽于殷周时期。最初的形式"囿"是就一定的地域加以范围，让天然的草木和鸟兽滋生繁育，还挖池筑台，供帝王们狩猎和游乐。

春秋战国时期，出现了思想领域"百家争鸣"的局面，其中主要有儒、道、墨、法、杂家等。绘画艺术也有相当的发展，开拓了人们的思想领域。当时神仙思想最为流行，其中东海仙山和昆仑山最为神奇，流传也最为广泛。东海仙山的神话内容比较丰富，对园林的影响也比较大。于是，模拟东海仙境成为后世帝王苑囿的主要内容。此时春秋战国时期则从囿向苑转变，"台苑"是从囿向苑发展的建筑标志。

春秋战国时期，原来单个的狩猎通神和娱乐的囿、台发展成为城外建苑，苑中筑囿，苑中造台，集田猎、游憩、娱乐于一苑的综合性游憩场所。作为敬神通天的台，其登高赏景的游憩娱乐功能进一步扩大，苑中筑台，台上再造华丽的楼阁，成为当时园林中一道道美丽的风景线。其中以楚国的章华台、荆台，吴国的姑苏台最为著名。

章华台位于今湖北武汉以西，沙市以东，监利西北的荆江三角洲上。这里水网交织，湖泽密布，自然风景旖丽。据载楚灵王游荆州后，对其之美念念不忘，并决定营造章华台。据汉代文人边让《章华台赋》中的描写，这里有甘泉汇聚的池，池中可以荡舟，有遍植香兰的高山。山上有可供瞭望，瑶台有馆室，有能歌善舞的美女，有酒池肉林。被后世誉为离宫别苑之冠。

经考古发掘，章华台遗址东西长约2000米，南北宽约1000米。遗址内有若干大小不一，形状各异的夯土台，许多宫、室、门、阙遗迹仍清晰可辨。最大的台长45米，宽30米，分三层。每层台基上均有残存的建筑物做为基础。每次登临需休息三次，故又称"三休台"。章华台三面被水环抱，为中国古代园林开凿犬型水体工程的先河。

2.形成期

秦始皇统一中国后，建立了中央集权的秦王朝封建帝国，开始以空前的规模兴建离宫别苑。这些宫室营建活动中也有园林建设，如《阿房宫赋》中描述的阿房宫"覆压三百余里，隔离天日……长桥卧波，未云何龙，复道形空，不霁何虹。"汉代，在台苑的基础上发展出全新完整的园林形式——苑，其中分布着宫室建筑。苑中养百兽，可供帝王狩猎取乐，保存了囿的传统。苑中有馆、有宫，成为建筑组群为主体的建筑宫苑。汉武帝时，国力强盛，政治、经济、军事都很强大，此时大造宫苑，把秦的旧苑上加以扩建。汉上林苑地跨五县，周围三百里，"中有苑三十六，宫十二，观三十五。"建章宫是其中最大、最重要的宫城，"其北治大池，渐台高二十余丈，名日太液池，中有蓬莱、方丈、瀛洲，壶梁象海中神山、龟鱼之属。"这种"一池三山"的形式，成为后世宫苑中池山之筑的范例。

上林苑本为秦代营建阿房宫的时一处大苑圃，汉武帝时扩而广之为上林苑。上林苑东南至蓝田，宜春，鼎湖、御宿、昆吾，傍南山。西至长杨，五柞，北绕黄山，濒渭水而东，周袤200里。离宫72所，皆可容千乘万骑。汉宫殿疏云方340里。苑中养百兽，天子春秋射猎取之。苑中掘长池引渭水，东西200里，南北20里，池中筑土为蓬莱仙境，开创了我国人工堆土的先河。

上林苑作为皇家禁苑，是专供皇帝游猎的场所。因此，苑中养百兽，天子春秋射猎苑中，取兽无数，这是修建汉上林苑的主要意图。

建章宫是上林苑中最重要的一个宫城，位于汉长安城西城墙外，今三桥北的高堡子、地堡子一带。其宫殿布局利用有利地形，显得错落有致，壮丽无比。章建宫打破了建筑宫苑的格局，在宫中出现了叠山理水的园林建筑。它在前殿西北部开凿了一个名叫太液池的人工湖，高岸环周，碧波荡漾，犹如"沧海之汤汤"。池中有瀛洲、蓬莱、方丈三座仙山，象征着东海中的天仙胜境。并用玉石雕凿"鱼龙、奇禽、异兽之属"，使仙山更具神秘色彩。

3.发展、转折期

魏晋南北朝时期的园林属于园林史上的发展、转折期。这一时期是历史上的一个大动乱时期，是思想、文化、艺术上重大变化的时代。这些变化引起了园林创作的变革。西晋时已出现山水诗和游记。当初，对自然景物的描绘，只是用山水形式来谈玄论道。到了东晋，例如在陶渊明的笔下，自然景物的描绘已是用来抒发内心的情感和志趣。反映在园林创作中，则追求再现山水，有若自然。南朝地处江南，由于气候温和，风景优美，山水园别具一格。这个时期的园林因挖池构山而有山有水，结合地形进行植物造景，因景而设园林建筑。北朝对于植物、建筑的布局也发生了变化。如北魏官吏茹皓营造的华林园，"经构楼馆，列于上下。树草栽木，颇有野致。"从这些例子可以看出南北朝时期园林形式和内容的转变。园林形式从粗略的模仿真山真水转到用写实手法再现山水；园林植物由欣赏奇花异木转到种草栽树，追求野致；园林建筑不再徘徊连属，而是结合山水，列于上下，点缀成景。南北朝时期园林是山水、植物和建筑相互结合组成山水园。这时期的园林可称作自然（主义）山水园或写意山水园。

华林园原称为芳林园，后因避齐王曹芳之讳而改名华林园。《魏略》载，景初元年，曹魏明帝在东汉旧苑基础上重新修建华林园。起土山于华林园西北，使公卿群僚皆负土成山，树松林杂木于其上，捕山禽野兽置其中。园的西北面以各色文石堆筑为土石山——景阳山，山上广种松竹。东南面的池可能就是由东汉天渊池扩大而来，引来水绕过主要殿堂之前而形成完整的体系，创设各种水景，提供舟行浏览之便，这样的人为地貌显然已有全面缩移大自然山水景观的意图。流水与禽鸟雕刻小品结合与机枢做成各式小戏，建高台"凌云台"以及多层的楼阁，养山禽杂兽，殿宇森列并有足够的场地进行上千人的活动和表演"鱼龙漫延"的杂技。另外，"曲水流觞"的园景设计开始出现在园林中，为后世园林效法。

佛寺丛林和游览胜地开始出现。南北朝时佛教兴盛，广建佛寺。佛寺建筑可采用宫殿形式，宏伟壮丽并附有庭园。尤其不少是贵族官僚舍宅为寺，将原有宅院改造成为寺庙的园林部分。很多寺庙建于郊外，或选山水胜地进行营建。这些寺庙不仅是信徒朝拜进香的胜地，而且逐步成为风景游览的胜区。五台山、峨眉山的佛寺，道观选址最具特色。此外，一些风景优美的胜区，逐渐有了山居、别业、庄园和聚徒讲学的精舍。这样，自然风景中就渗入了人文景观，逐步发展成为具有中国特色的风景名胜区。

五台山位于山西五台县东北角，周回250千米，由五座山峰环抱而成。五峰高耸，峰顶平坦宽阔，如垒土之台，故名五台山。五台各有其名，东台望海峰，西台挂月峰，南台锦乡峰，北台叶斗峰，中台翠岩峰。山中气候寒冷，每年四月解冻，九月积雪，台顶坚冰累年，盛夏气候凉爽，故又名清凉山。山长满松柏和松栎、桦等混交林，清泉长流，鸟兽来往频繁，充满天然野趣。

峨眉山位于四川峨眉山县西南部，因山势"如蟒首峨眉，细而长，美而艳"，故名峨眉山。有大峨，二峨，三峨之分。整个山脉峰峦起伏，重岩叠翠，气势磅礴，雄秀幽奇。山麓至峰顶五十多千米，石径盘旋，直上云霄。山深林幽，野趣横生。

4.成熟期

中国园林在隋、唐时期达到成熟，这个时期的园林主要有隋代山水建筑宫苑、唐代宫苑和游乐地、唐代自然园林式别业山居和唐、宋写意山水园、北宋山水宫苑。

（1）隋代山水建筑宫苑

隋炀帝杨广即位后，在东京洛阳大力营建宫殿苑囿。别苑中以西苑最为著名，西苑的风格明显受到南北朝自然山水园的影响，采取了以湖、渠水系为主体，将宫苑建筑融于山水之中。这是中国园林从建筑宫苑演变到山水建筑宫苑的转折点。

（2）唐代宫苑和游乐地

唐朝国力强盛，长安城宫苑壮丽。大明宫北有太液池，池中蓬莱山独踞，池周建回廊400多间。兴庆宫以龙池为中心，围有多组皖落。大内三苑以西苑最为优美。苑中有假山，有湖池，渠流连环。

大明宫初是唐太宗为其父高祖李渊专修的"清暑"行宫，而后成为唐王朝的主要朝会之地。"大明宫在禁苑东南，西接宫城之东北隅"。《唐两京城坊考》记其南北五里，东西三里，为长安在大内中规模最大的一组宫殿群。据考古实测，面积为3.3平方米。大明宫其平面布局相对对称，建筑物错落有致，较显灵动。但从大的方面看，仍采用"前朝后寝"的传统建筑的设计思想。《唐两京城坊考》载，大明宫中有26门、40殿、7阁、10院及许多楼台堂观池亭等，各种建筑百余处，是长安三大内中规模最大，建筑物最多的宫殿建筑群。其东内苑绿化主要以梧桐和垂柳为主，桃李为辅，所谓"春风桃李花开日，秋雨梧桐落叶时"。太液池是大明宫的主要园林建筑之一。它位于大明宫北面的中部，在龙首原北坡的平地低洼处，池周建有回廊百间，使其绿水弥漫，殿廊相连。池中筑有蓬莱山，山上遍是花木，犹以桃李繁盛。湖光山色，碧波荡漾，成为宫苑中的园林风景区。大明宫之大，建筑之多，园林之胜，得到不少文人雅士的赞叹歌咏。唐代贾至《早朝大明宫呈两省僚友》诗云："绛烛朝天子陌长，禁城春色晓苍苍。千条弱柳垂金锁，百啭流莺绕建章。剑佩声随玉墀步，衣冠身若御烟香。共沐恩波凤池上，朝朝染翰传君王。"

（3）唐代自然园林式别业山居

盛唐时期，中国山水画已有很大发展，出现了即兴写情的画风。园林方面也开始有体现山水之情的创作。盛唐诗人、画家王维在蓝田县天然胜地，利用自然景物，略施建筑点缀，经营了辋川别业，形成既富有自然之趣，又有诗情画意的自然园林。中唐诗人白居易游庐山时，见香炉峰下云山泉石胜绝，因置草堂，建筑朴素，不施朱漆粉刷。草堂旁，春有绣谷花（映山红），夏有石门云，秋有虎溪月，冬有炉峰雪，四时佳景，收之不尽。这些园林创作反应了唐代自然式别业山居，是在充分认识自然美的基础上，运用艺术和技术手段来造景、借景从而构成优美的园林境域。

（4）唐、宋写意山水园

从《洛阳名园记》一书中可知，唐、宋宅园大都是在面积不大的宅旁地里，因高就低，掇山理水，表现山壑溪流之胜。点景起亭，揽胜筑台，茂林蔽天，繁花覆地，小桥流水，曲径通幽，巧得自然之趣。这种根据造园者对山水的艺术认识和生活需求，因地制宜的表现山水真情和诗情画意的园，称为写意山水园。

（5）北宋山水宫苑

北宋时建筑技术和绘画水平都有所发展，出版了《营造法式》，兴起了界面。政和七年，宋徽宗赵佶始筑万岁山，后更名为-艮岳，岗连阜属，西延平夷之岭，有瀑布、溪涧、池沼形成的水系。在这样一个山水兼胜的境域中，树木花草群植成景，亭台楼阁因势布列。这种用全景式来表现山水、植物和建筑之胜的园林，就是山水宫苑。

5.高潮期

元、明、清时期，园林建设取得了长足发展，出现了许多著名园林，如三代都建都北京，完成了西苑三海（北海、中海、南海）、圆明园、清漪园（今颐和园）、静宜园（香山）、静明园（玉泉山），达到园林建设的高潮期。当时京城西郊的"三山五园"名闻天下，所谓"三山五园"是指万寿山、香山、玉泉山和圆明园、畅春园、静宜园、静明园、清漪园。

元、明、清是我国园林艺术的集大成时期，元、明、清园林继承了传统的造园手法并形成了具有地方特色的园林风格。在北方，以北京为中心的皇家园林，多与离宫结合，建于郊外，少数建在城内，或在山水的基础上加以改造，或是人工开凿兴建，建筑宏伟浑厚，色彩丰富，豪华富丽。南方苏州、扬州、杭州、南京等地的私家园林，如苏州拙政园，多与住宅相连，在不大的面积内，追求空间艺术变化，风格素雅精巧，因势随形创造出了旭尺山林，小中见大"的景观效果。

元、明、清时期造园理论也有了重大发展，其中比较系统的造园著作就是明末计成的《园冶》。书中提到了"虽由人作，宛自天开"、"相地合宜，造园得体"等主张和造园手法。为我国造园艺术提供了珍贵的理论基础。

从鸦片战争到中华人民共和国建立，这个期间，中国园林发生的变化是空前的。园林为公众服务的思想，把园林作为一门科学的思想得到了发展。这一时期，帝国主义国家利用不平等条约在中国建立租界，他们用掠夺中国人民的财富在租界建造公园，并长期不准中国人进入。随着资产阶级民主思想在中国的传播，清朝末年便出现了首批中国自建的公园。辛亥革命后，北京的皇家园囿和坛庙陆续开放为公园，供公众参观。许多城市也陆续兴建公园，如广州的中央公园、重庆中央公园、南京的中山陵等新园林。到抗日战争前夕，在全国已经建有数百座公园。但从抗日战争爆发直至1949年，各地的园林建设基本上处于停顿状态。

6.新兴期

这一时期主要是指中华人民共和国建立以后营造、改建和整理的城市公园。新中国成立后，党和政府非常重视城市园林绿化建设事业，把它视为现代文明城市的标志。50多年来城市园林绿化得到了前所未有的发展，取得了空前的成就。全国的绿地面积已达128000hm2。但是，由于认识上的原因，在发展的过程中也走了一条曲折的道路。"文化大革命"当中，园林绿化首当其冲，惨遭浩劫，遭受严重破坏和重大损失。

党的十一届三中全会后，20世纪80年代以来，在党中央的正确领导下，拨乱反正，随着改革开放的发展，把园林绿化事业提高到两个文明建设的高度来抓，制定了一系列方针政策，园林绿化事业恢复到了应有的地位，展现出一派欣欣向荣的局面，使园林绿化事业走上了健康发展的道路。城市公园建设正向纵深方向发展，新公园的建设和公园景区、景点的改造、充实、提高同步进行，小园和园中园的建设得到重视，出现了一批优秀园林作品，受到广大群众的欢迎。如北京的双秀园、雕塑公园、陶然亭公园中的华夏名亭园、紫竹院公园，上海的大观园，南京的药物园，洛阳的牡丹园等，都在公园建设中取得了很大成就，以植物为主造园越来越受到重视，用植物的多彩多姿塑造优美的植物景观，体现了生态、审美、游览、休息等多种价值。

陶然亭公园占地59万平方米，由东湖、西湖、南湖和沿岸7座小山组成，其中水面约占三分之一。园中有一园中园，名为华夏名亭园。陶然亭公园山清水秀、花红柳绿、湖光山色、小桥流水，游艇荡漾，让人陶然心醉。

上海大观园景区占地面积1500亩，另有内河水面300余亩。西部是根据中国古典文学名著《红楼梦》的意境，运用中国传统园林艺术手法建造的大型仿古园林"大观园"，建筑面积8000平方米，有大观楼（省亲别墅）、怡红园、潇湘馆等40余处大小景点，兼具江南园林精致秀丽与北方皇苑宏伟壮观的风格气派。

大观园东部的"梅坞春浓"、"柳堤春晓"、"金雪飘香"、"群芳争艳"等景点植有花木三十四万株，景区处处绿树成荫，繁花似锦。

总之，改革开放20几年来，我国园林绿化事业得到了蓬勃发展，成果丰硕。

（二）国外园林发展概况及其造园特点

1.外国古代园林：路

外国古代园林就其历史的悠久程度、风格特点及对世界园林的影响而言，具有代表性的有东古的日本庭园、古埃及与西亚园林、欧洲古代园林。

（1）日本庭园日本气候湿润多雨，山清水秀，为造园提供了良好的客观条件，日本民族崇尚自然，喜好户外活动。中国的造园艺术传入日本后，经过长期实践和创新，形成了日本独特的园林艺术。

日本历史上早期虽有掘池筑岛，在岛上建造宫殿的记载，但主要是为了防御外敌和防范火灾。后来，在中国文化艺术的影响下，庭园中出现了游赏的内容。钦明天皇十三年，佛教东传，中国园林对日本的影响范围扩大。日本宫苑中开始建造须弥山、架设吴桥等，朝廷贵族纷纷建造宅园。20世纪60年代，平城京考古发掘表明，奈良时代的庭园已有曲折的水池，池中设岩岛，池边置叠石，池岸和池底敷石块，环池疏布屋宇。平安时代前期庭园要求表现自然，贵族别墅常采用以池岛为主题的"水石庭"。到平安时代后期，贵族邸宅已由过去具有中国唐朝风格的左右对称形式发展成为符合日本习俗的"寝造殿"形式。这种住宅前面有水池，池中设岛，池周布置亭、阁和假山，是按中国蓬莱海岛（一池三山）的概念布置而成的。在镰仓时代和室町时代，武士阶层掌握政权后，武士宅园仍以蓬莱海岛式庭园为主。由于禅宗很兴盛，在禅与画的影响下，枯山水式庭园发展起来。这种庭园规模一般较小，园内以石组为主要观赏对象，又用白砂象征水面和水池，或者配置以简素的树木。在桃山时期多为武士家的书院庭园和随茶道发展而兴起的茶室和茶亭江户时期发展起来了草庵式茶亭和书院式茶亭，特点是在庭园中各茶室间用"回游道路"和"露路"联通，一般都设在大规模园林之中，如修学院离宫、桂离宫。石灯，汲水井，沙地中顺水流势，设置了大小石块，水流由窄而宽，水纹激荡旋流，好似一出令人紧张的激流险滩的景观。

枯山水庭园是源于日本本土的缩微式园林景观，多建于小巧、静谧、深邃的禅宗寺院。在其特有的环境气氛中，仅仅是细细耙制的白砂石、叠放有致的几尊石组，就能对人的心境产生神奇的力量。它同音乐、绘画、文学一样，可表达深沉的哲理，而其中的许多理念便来自禅宗道义，这也与古代大陆文化的传入息息相关。

在公元538年的时候，日本开始接受佛教，并派一些学生和工匠到古代中国学习内陆艺术文化。13世纪时，源自中国的另一支佛教禅宗在日本流行起来，为反映禅宗修行者所追求的苦行及自律精神，日本园林开始摈弃以往的池泉庭园，而使用一些如常青树、苔藓、沙、砾石等静止、不变的元素，营造枯山水庭园。园内几乎不使用任何开花植物，以期达到自我修行的目的。

此类禅宗庭院内，树木、岩石、天空、土地等常常是寥寥数笔即蕴涵着极深的寓意，在修行者眼里，它们就是海洋、山脉、岛屿、瀑布。一沙一世界，这样的园林无异于一座精神园林。后来，这种园林发展臻与及至——乔灌木、小桥、岛屿甚至园林不可缺少的水体等造园惯用要素均被一一剔除，仅留下岩石、耙制的沙烁和自发生长于荫蔽处的一块块苔地，这便是典型的、流行至今的日本枯山水庭园的主要构成要素。而这种枯山水庭园对人精神的震撼力也是惊人的。

明治维新以后，随着西方文化的输入，在欧美造园思想的影响下，日本庭园出现了新的转折。一方面，庭园从特权阶层私有专用转为开放公有，国家开放了一批私园，也新建了大批公园；另一方面，西方的园路、喷泉、花坛、草坪等也开始在庭园中出现，使日本园林除原有的传统手法外，又增加了新的造园技艺。日本庭园的种类主要有林泉式、筑山庭、平庭、茶亭和枯山水。

（2）古埃及与西亚园林埃及与西亚邻近，埃及的尼罗河流域与西亚的幼发拉底河、底格里斯河流域同为人类文明的两大发源地，园林出现的时间也最早。

埃及早在公元前4000年就跨入了奴隶制社会，到公元前28至公元前23世纪，已形成法老政体的中央集权制。法老（即埃及国王）死后都要兴建金字塔作王陵，成为墓园。金字塔浩大、宏伟、壮观，反映出当时埃及的科学与工程技术已很发达。金字塔四周布置了规则对称的林木；中轴为笔直的祭道，控制两侧的均衡；塔前留有广场，与正门相呼应，营造出庄严、肃穆的气氛。奴隶主的私园把绿荫和湿润的小气候作为追求的主要目标，把树木和水池作为主要内容。

西亚地区的叙利亚和伊拉克也是人类文明的发祥地之二。早在公元前3500年时，已经出现了高度发达的古代文化。奴隶主在宅园附近建造各式花园，作为游憩观赏的乐园。就奴隶主的私宅和花园，一般都建在幼法拉底河沿岸的谷地草原上，引水注园。花园内筑有水池或水渠，道路纵横方直，花草树木充满其间，布置非常整齐美观。基督教《圣经》中记载的伊甸园被称为"天国乐园"，就在叙利亚首都大马士革城附近。在公元前2000年的巴比伦、亚叙或大马士革等西亚广大地区中有许多美丽的花园。尤其是距今3000年前新巴比伦王国由五组宫殿组成的宏大都城，不仅异常华丽壮观，而且在宫殿上建造了被誉为世界七大奇观之一的"空中花园"。

空中花园估计位于距离伊拉克首都巴格达大约一百公里附近，位于幼发拉底河（Euphrates）东面，在堪称四大文明古国巴比伦最兴盛的时期—尼布甲尼撒二世纪时代（公元前604～公元前562）所建。它建于皇宫广场的中央，是一个四角锥体的建设，堆起纵横各400公尺，高15公尺的土丘，每层平台就是一个花园，由拱顶石柱支撑着，台阶上铺有石板、草、沥青、硬砖及铅板等材料，目的是为了防止上层水分的渗漏，同时泥土的土层也很厚，足以使大树扎根；虽然最上方的平台只有60平方尺左右，但却高达105公尺（相当于30层楼建筑物），因此远看就仿似一座小山丘。

同时，尼布甲尼撒王更在花园的最上面建造了大型水槽，透过水管随时供给植物适量的水分。有时候，也用喷水器降下人造雨。在花园的低洼部份建有许多房间，从窗户可以看到成串滴落的水帘。即使在炎炎盛夏，也非常凉爽。在长年平坦干旱只能生长若干耐阳灌木的土地上，就这样出现了令人感叹的绿洲。撰写奇观的人说："那是尼布甲尼撒王的御花园，离地极高，土人高过头顶，高大树木的系根由跳动的喷泉滴出水沫浇灌'。公元前三世纪菲罗曾记述"园中种满树木，无愧山中之国，其中某些部份层层叠长，有如剧院一样，栽种密集枝叶扶疏，几乎树树相触，形成舒适的遮荫，泉水从高高的喷泉中涌出，先渗入地面，然后再扭曲旋转喷发，通过水管冲刷旋流，充沛的水气滋润树根土壤，使其永远保持滋润。

空中花园作为一种精巧华丽的古代建筑是出类拔萃的，仅仅是成功地采用了防止高层建筑渗水及供应各平台用水的供水系统，就足以令它名扬千古了。

巴比伦、波斯气候干旱，所以更重视水的利用。波斯庭园的布局多以位于十字型道路交叉点上的水池为中心，这一手法被阿拉伯人继承下来，成为伊斯兰园林的传统，流传于北非、西班牙、印度，传入意大利后，演变为各种水法，成为欧洲园林的重要内容。

伊斯兰园林中富有特色的十字形水渠体现了"水、乳、酒、蜜"四条河流汇集的概念。伊斯兰园林往往以水池和水渠来划分庭院，水缓缓流动，发出轻微的声音。建筑物大都通透宽敞，使园林景观蕴含一种深沉、幽雅的气氛；矩形水池、绿篱、下沉式花圃、道路均按中轴对称分布。几何对称式布局、精细的图案和鲜艳的色彩，形在伊斯兰园林的基本特征。

（3）欧洲园林古希腊是欧洲文化的发源地。古希腊的建筑、园林开欧洲建筑、园林之先河，直接影响着罗马、意大利及法国、英国等国的建筑、园林风格。后来英国吸取了中国山水园的意境，将其融入造园之中，对欧洲造园也有很大影响。

公元前3世纪，希腊哲学家伊壁鸠鲁在雅典建造了历史上最早的文人园，利用此园对门徒进行讲学。公元5世纪，希腊人渡海东游，从波斯学到了西亚的造园艺术，最终发展成了柱廊园。希腊的柱廊园，改进了波斯在造园布局上结合自然的形式，变喷水池为中心位置，使自然符合人的意志，成为有秩序的整形园。把西亚和欧洲两个系统早期的庭园形式与造园艺术联系起来，起到了过渡桥的作用。

古罗马继承希腊庭园艺术和亚述林园的布局特点，发壿成了山庄园林。欧洲中世纪时期，封建领主的城堡和教会的修道院中建有庭园。修道院中的园地同建筑功能相结合，如在教士住宅的柱廊环绕的方庭中种植花卉，在医院前辟设药铺，在食堂厨房前辟设菜圃。此希腊雅典卫城——展现了廊柱园的形式在文艺复兴时期，意大利的佛罗伦萨、罗马、威尼斯等地建造了许多别墅园林。以别墅为主体，利用意大利的丘陵地形，开辟成整齐的台地，逐层配置灌木，并把它修剪成图案式的植坛，顺山势利用各种水法（流泉、瀑布、喷泉等），外围则是树木茂密的林园。这种园林统称为意大利台地园。台地园在地形整理、植物修剪艺术和水法技法方面都有很高的成就。法国继承和发展了意大利的造园艺术。1638年法国J.布阿依索写成西方最早的园林专著《论造园艺术》。他认为："如果不加以条理化和整齐化，那么，人们所能找到的最完美的东西都是有缺陷的。"17世纪下半叶，法国造园家A.勒诺特尔提出要"强迫自然接受匀称的法则"。他主持设计的凡尔赛宫苑，根据法国地区地势平坦这一特点，开辟了大片草坪、花坛、河渠，创造出宏伟华丽的园林风格。这一风格被称为勒诺特尔风格，各国秦相效仿。

18世纪欧洲文学艺术领域中兴起了浪漫主义运动。在这种思潮的影响下，英国开始欣赏纯自然之美，重新恢复传统的草地、树丛。于是产生了自然风景园。初期的自然风景园对自然美的特点还缺乏完整的认识。18世纪中叶，中国园林造园艺术传入英国。18世纪末，英国造园家H.雷普顿认为，自然风景园不应任其自然，而要进行加工，以充分显示自然的美而隐藏它的缺陷。他并不完全排斥规则式布局形式，在建筑与庭园相接地带也使用行列栽植的树木，并利用当时从美洲、东亚等地引进的花卉丰富园林色彩，把英国自然风景园林推进了一步。自17世纪开始，英国把贵族的私园开放为公园。18世纪以后，欧洲其他国家也开始纷纷效法。

2.外国近、现代园林

17世纪中叶，英国爆发了资产阶级革命，武装推翻了封建王朝，建立起土地贵族与大资产阶级联盟的君主立宪制政权，宣告资本主义社会制度的诞生。不久，法国也爆发了资产阶级革命，继而，革命的浪潮席卷了全欧洲。在资产阶级"自由、平等、博爱"的口号下，新兴的资产阶级没收了封建领主及皇室的财产，把大大小小的宫苑和私园都向公众开放，并统称为公园（Public Park）。这就为19世纪欧洲各大城市产生一批数量可观的公园打下了基础。此后，随着资本主义近代工业的发展，城市逐步扩大，人口大量增加，污染也日益严重。在这样的历史条件下，资产阶级对城市也进行了某些改善，开辟一些公共绿地并建设公园就是其中的措施之一。然而，从真正意义上进行设计和营造的公园则始于美国纽约的中央公。政府通过了由欧姆斯特德和他的助手沃克斯合作设计的公园设计方案，并根据法律在市中心划定了一块约340hm2的土地作为公园用地。在市中心保留这样大的一块公园用地是基于这样一种考虑，即将来的城市不断发展扩大后，公园会被许多高大的城市建筑所包围。为了使市民能够感受到大自然和乡村景色的气息，在这块较大面积的公园用地上，可创作出乡村景色的片断，并可把预想中的建筑实体隐蔽在园界之外。因此，在这种规划思想的指导下，整个公园的规划布局以自然式为主，只有中央林荫道是规则式的。纽约中央公园的建设成就受到了社会的瞩目和赞赏，从而影响了世界各国，推动了城市公园的发展。但是，由于各国地理环境、社会制度、经济发展、文化传统以及科技水平的不同，在公园规划设计的做法与要求上表现出较大的差异性，呈现出不同的发展趋势。

二、园林的功能

随着城市日趋工业化和现代化，随之而来的是工矿企业的"三废"污染。这严重地破坏了人居环境，威胁着居民的身心健康。科学家和园林专家曾多次提出，将森林引入城市，让森林发挥其生态功能，以改善城市日益严重的环境污染。园林的基本功能是作为现代城市建设范畴的城市园林绿化，其出发点和归宿点都应落实在有利于促进城市居民身心健康这一目标上。所谓身健康，就是城市园林绿化首先应产生良好的生态效益，使城市生态环境得到最有效的改善，从而有利于人们的身体健康；所谓心健康，就是城市园林绿化应该给人们美的视觉享受，并且通过城市园林绿化景观的展现，使人们感受到城市色彩的丰富绚丽，品味到城市特有的人文风貌与历史脉络，从而使人们获得心灵的满足。因此，城市园林绿化的根本目的决定了它应充分发挥出这两方面的功能。

（一）改善城市生态环境

城市绿地系统是城市中惟一有生命的基础设施，在保持城市生态系统平衡、改善城市环境质量方面，具有其他设施不可替代的功效，是提高城市居民生活质量的一个必不可少的依托条件。城市园林绿化通过植树、种灌、栽花、培章、营造建筑和布置园路等过程，不仅要提高城市的绿地率，也要充分利用立体多元的绿色植被的生态效应，包括吸音除尘、降解毒物、调节温湿度等，有效降低城市污染的程度，改善城市生态环境，使城市环境质量达到清洁、舒适、优美、安全的要求，从而为市民创造出一个良好的城市生活空间。但草坪的生态功能有限，只相当于森林的1/25，光靠草坪来改善生态环境是远远不够的。相比起来，建设上有高大的乔木林，中有低矮的灌木林，地面上又有草本地被植物的森林，其生态和环境价值就要高得多了。国际上以"城市之肺"来比喻森林对城市的作用。由城市森林构造的"肺部"吸纳的则是尘土、废气、噪音等污染物，呼出的是氧气和水分。这是提高城市居民生活质量的必要条件。因此，城市园林绿化要把改善城市生态环境作为首要任务。

（二）美化市容，充分烘托城市环境的文化氛围

城市园林绿化根据不同城市的自然生态环境，把大量具有自然气息的花草树木引进到城市，按照园林手法加以组合栽植，同时将民俗风情、传统文化、宗教、历史文物等融合在园林绿化中，营造出各种不同风格的城市园林绿化景观，从而使城市色彩更丰富，外观更美丽，并且通过不同园林绿化景观的展现，充分体现出城市的历史脉络和精神风貌，使城市更富文化品味。森林绿量应是草坪的3倍。据测定，同样面积的乔、灌、草复层种植结构的森林，其植物绿量约为单一草坪的3倍，因而其生态效益也明显优于单一草坪。因此，为了提高土地的有效利用率并达到最佳的生态效益，最大限度地改善人居环境，乔、灌、草的合理配置和有机结合的绿化方式是最优选择模式。而森林则有良好的参与性能，人们可在森林中尽享鸟语花香，尽情休闲娱乐，使人与自然和谐、融洽地相处。美好的市容风貌不仅可以给人美的享受，令人心旷神怡，而且可以陶冶情操，并获得知识的启迪。美好的市容风

貌还有利于吸引人才和资金，有利于经济、文化和科技事业的发展。因此，成功的城市园林绿化在美化市容的同时还应充分体现出城市特有的人文底蕴，这是城市园林绿化重要而独特的功能。

三、园林发展的前景

提到中国园林，世人无不赞叹它的博大精深，"上有天堂，下有苏杭"之说，更多的表达了人们对于优美环境的无限向往。在几千年的历史长河中，在祖国大地上所建公园不计其数，如苏州的拙政园、留园等一大批古典园林还被纳入了世界文化遗产。但由于战争及天灾人祸等原因的影响，加上不同的时代、不同的社会对园林的不同需求，中国园林发展至今，走过了一条艰难而曲折的道路，真正的现代园林和城市绿化是在中华人民共和国成立以后才开始快速发展起来的。新中国成立后，党和政府非常重视城市绿地建设事业，并在各地相继建立了园林绿化管理部门，担负起园林事业的建设工作。第一个五年计划期间，还提出了"普遍绿化，重点美化"的方针，并将其纳入到城市建设总体规划之中。改革开放的春风，给园林绿化带来了光明的前途和蓬勃生机。到1995年，全国城市绿地平均总面积达67.83hm2，城市绿化覆盖率达23.9%，城市公园3619处，平均公园面积达7.26hm2，人均公共绿地面积5m2，祖国大地花草树木相映成辉，一片繁花似锦。

然而，近年来，由于工业的迅速发展和城市人口的迅猛增长，导致城市环境越来越差，原有的园林绿地已满足不了空前城市化进程的需要。大规模的园林建设活动虽然不少，而且也起到了积极的作用，如园林城市的出现，但是受传统园林建筑思想的影响，这些园林建设并没有从根本上阻止环境的进一步恶化，严酷的环境现实，使中国现代园林绿化面临严峻的挑战和难得的机遇。

城市人口的急剧膨胀，使得居民的基本生存环境受到严重威胁；户外体育休闲空间的极度缺乏，土地资源的极度紧张，使得通过大幅度扩大绿地面积来改善环境的途径较难实现；财力限制，又难以实现高投入的城市园林绿化和环境治理工程；自然资源再生利用，生物多样性保护迫在眉睫，整体的自然生态环境也十分脆弱；欧美文化的侵入，使得乡土文化受到前所未有的冲击等。所有这些问题都不言而喻。然而，模纹花坛和十一、五一、摆花之风却很浓。

现代园林是人类发展、社会进步和自然演化过程中一种协调人与自然关系的工作。其工作的领域是如此广阔，前景是如此美好。但是，我们也必须认识到我们所肩负的责任。如果不能很好地理解人类自身，理解人类社会的发展规律，理解自然的演化过程，那么园林规划设计就只能是用来装点门面而已。

纵观20世纪尤其是近几十年来世界城市公园的发展，不难看出，由于社会经济的发展以及公众对环境认识的提高，使城市公园有了较大的发展，主要表现在以下5个方面：

（一）公园的数量不断增加，面积不断扩大

如日本，1950年全国仅有公园2596个，而1976年则增加到23477个，数量增加了9倍多。

（二）公园的类型日趋多样化

近年来国外城市除传统意义上的公园、花园以外，各种新颖、富有特色的公园也不断的涌现。如美国的宾西法尼亚洲开辟了一个"知识公园"，园中利用茂密的树林和起伏的地形布置了多种多样的普及自然常识的"知识景点"，每个景点都配有讲解员为求知欲强的游客服务。此外，世界各国富有特色的公园还有：丹麦的童话乐园、美国的迪斯尼乐园、奥地利的音乐公园、澳大利亚的袋鼠公园等。

（三）在规划布局上以植物造景为主

在公园的规划布局上，普遍以植物造景为主，建筑的比重较小，追求真实、朴素的自然美，最大限度的让人们在自然的气氛中自由自在地漫步，以寻求诗意，重返大自然。

（四）在园林容貌的养护管理上广泛采用先进的技术设备和科学的管理方法

植物的园艺养护、操作一般都已经实现了机械化，广泛运用电脑进行监控、统计和辅助设计。

（五）随着世界性交往的日益扩大，园林界的交流也越来越多

　　各国纷纷举办各种性质的园林、园艺博览会、艺术节等活动，极大的促进了园林的发展。如在我国昆明举办的第99届世界园艺博览会及在沈阳举办的世界园艺博览会，就吸引了几十个国家前来参展。

第二章　园林艺术形式与特征

本章内容在理解园林艺术概念的基础上，剖析了园林艺术的自然美、生活美、艺术美、形式美内涵，了解了规则式园林、自然式园林和混合式园林等不同的布局特点。园林的形式的确定要充分考虑园林不同的性质、不同的文化传统、不同的意识形态和不同的环境条件。

第一节　园林美

"美是一种客观存在的社会现象，它是人类通过创造性的劳动实践，把具有真和善、德品质的本质力量在对象中实现出来，从而使对象成为一种能够引起爱慕和喜悦感情的观赏形象，就是美。"

园林美源于自然，又高于自然，是大自然造化的典型概括，是自然美的再现。它随着文学绘画艺术和宗教活动的发展而发展，是自然景观和人文景观的高度统一。

园林美具有多元性，表现在构成园林的多元要素之中和各要素的不同组合形式之中。园林美也具有多样性，主要表现在其历史、民族、地域、时代性的多样统一之中。风景园林具有绝对性与相对性差异，这是因为它包含自然美和社会美的缘故。

一、自然美

自然景物和动物的美称为自然美。自然美的特点偏重于形式，往往以其色彩、形状、质感、声音等感性特征直接引起人的美感，它所积淀的社会内涵往往是曲折、隐晦、间接的。人们对自然美的欣赏往往注重它形式的新奇、雄浑、雅致，而不注重它所包含的社会功利内容。

许多自然事物，因其具有与人类社会相似的一些特征，而成为人类社会生活的一种寓意和象征，成为生活美的一种特殊形式的表现；另一些自然事物因符合形式美的法则，以其所具有的条件及诸因素的组合，当人们直观感受时，给人以身心和谐，精神提升的独特美感，并能寄寓人的气质、情感和理想，表现出人的本质力量。园林的自然美有如下共性：

（一）变化性

随着时间、空间和人的文化心理结构的不同，自然美常常发生明显的或微妙的变化或处于不稳定的状态。时间上的朝夕、四时，空间上的奥，人的文化素质与情绪，都会直接影响自然美的发挥。

（二）多面性

园林中的同一自然景物，可以因人的主观意识与处境的变化而向相互对立的方向转化；或园林中完全不同的景物，可以产生同样的效应。

（三）综合性

园林作为一种综合性艺术，其自然美常常表现在动、静结合中，如山静水动、树静风动、物静人动、石静影移、水静鱼游；在动静结合中，往往又寓静于动或寓动于静。

二、生活美

园林作为一个现实的物质生活环境，是一个可游、可憩、可赏、可学、可居、可食的综合活动空间，必须使其布局能保证游人在游园时感到非常舒适。

首先应保证园林环境的清洁卫生，空气清新，无烟尘污染，水体清透。要有适于人生活的小气候，在气温、温度、风的综合作用下达到理想的要求。冬季要防风，夏季能纳凉，有一定的水面，空旷的草地及大面积的树林。

园林的生活美，还应该有方便的交通，良好的治安保证和完美的服务设施。还应有广阔的户外活动场面地，有安静的休息散步、垂钓、阅读休息的场所；在积极休息方面，有划船、游泳、溜冰等体育活动的设施；在文化生活方面应有各种展览、舞台艺术、音乐演奏等场地。这些都将怡悦人们的性情，带来生活的美感。

三、艺术美

现实美是美客观存在的形态，而艺术美则是现实美的升华。艺术美是人类对现实生活的全部感受、体验、理解的加工提炼、融铸后的结晶，是人类对现实审美关系的集中表现。艺术美通过精神产品传达到社会中去，推动现实生活中美的创造，成为满足人类审美需要的重要审美对象。

现实生活虽然丰富，却代替不了艺术美。从生活到艺术是一个创造性的过程。艺术家是按照美的规律和自己的审美理想去创造作品的。艺术有其独特的反映方式，就是艺术是通过创造艺术形象来具体的反映社会生活，表现作者思想感情的一种社会意识形态。艺术美是意识形态的美。

艺术美的具体特征是：

（一）形象性

是艺术的基本特征，用具体的形象反映社会生活。

（二）典型性

作为一种艺术形象，它虽来源于生活，但又高于普通的实际生活，它比普通的实际生活更高、更强烈、更有集中性，更典型、更理想，因此就更带有普遍性。

（三）审美性

艺术形象要具有一定的审美价值，能引起人们的美感，使人得到美的享受，培养和提高人的审美情趣，提高人的审美素质，从而进一步提高人们对美的追求和对美的创造能力。

艺术美是艺术作品的美。园林作为艺术作品，园林艺术美也就是园林美。它是一种时空综合艺术美。在体现时间艺术美方面，它具有诗与音乐般的节奏与旋律，能通过想象与联想，使人将一系列的感受转化为艺术形象。在体现空间艺术美方面，它具有比一般图形艺术更为完备的三维空间，既能使人感受和触摸，又能使人深入其内，身临其境，观赏和体验它的序列、层次、高低、大小、宽窄、深浅、色彩。中国传统园林，是以山水画的艺术构图为形式，以山水诗的艺术境界为内涵的典型的时空综合艺术，其艺术美是融诗画为一体的，内容与形式协调统一的美。

四、形式美

自然界常以其形式美取胜而影响人们的审美感受，各种景物都是由外形式和内形式组成的。外形式是由景物的材料、质地、你态、线条、光泽、色彩和声响等因素构成的；内形式是由上述因素按不同规律而组织起来的结构形式或结构特征。如一般植物都是由根、茎、叶、花、果实、种子组成的，然而它们由于各自特点和组成方式的不同而产生了千变万化的植物个体和群体，构成了乔、灌、藤、花丼等不同的形态。

形式美是人类社会在长期的社会生产实践中发现和积累起来的，它具有一定的普遍性、规定性和共同性。但是人类社会的生产实践和意识形态在不断的改变，并且还存在着民族性、地域性及阶级、阶层的差别。因此，形式美又带有变异性、相对性和差异性。但是，形式美发展的总趋势是不断提炼和升华的，表现出人类健康、向上、创新和进步的愿望。

从形式美的外形式方面加以描述，其表现形态主要有线条美、图形美、体形美、光影色彩美、朦胧美等几个方面。在长期的社会劳动实践中，人们按照美的规律塑造景物外形式并逐步发现了一些形式美的规律性。

（一）主与从

主体是空间构图的重心或重点，起着主导作用，其余的客体对主体起陪衬或烘托作用。这样主次分明，相得益彰，才能共存于统一的构图之中。若是主体孤立，缺乏必要的陪体衬托，就变成孤家寡人了。如过分强调客体，则又喧宾夺主或主次不分从而导致构图的失败。所以，整个园林构图乃至局部都要重视这个向题。

（二）对称与均衡

对称与均衡是形式美在量上呈现的美。对称是以一条线为中轴，形成左右或上下在量上的均等。它是人类在长期的社会实践活动中，通过对自身和周围环境的观察而获得的规律，体现着事物自身结构的一种符合规律的存在方式。而均衡是对称的一种延伸，是事物的两部分在形体布局上的不相等，但双方在量上却大致相当，是一种不等形但等量特殊的对称形式。也就是说，对称是均衡的，但均衡不一定对称。因此，就分出了对称均衡和不对称均衡。

对称均衡，又称静态均衡，就是景物以某轴线为中心，在相对静止的条件下，取得左右或上下对称的形式，在心理学上表现为稳定、庄重和理性。对称均衡在规则式园林的建筑中经常被采用。如纪念性园林，公共建筑前的绿化，古典园林前成对的石狮、槐树，路两边的行道树、花坛、雕塑等。

不对称均衡，又称动态均衡、动势均衡。不对称均衡创作法一般有以下几种类型：

1.构图中心法，即在群体景物之中有意识的强调一个视线构图中心，而使其他部分均与其取得对应关系，从而在总体上取得均衡感。以中间的圆形水池为视线构图中心，其他四块水池及两侧绿地及景观则形成相应对称的关系，从而得到整体的均衡对称感称为杠杆均衡法，又称动态平衡法。根据杠杆力矩原理，将不同体量或重量感的景物置于相对应的位置从而取得平衡感。

2.惯性心理法，或称运动平衡法。人在劳动实践中形成了习惯性重心感，若重心产生偏移，则必然出现动势倾向，以求得新的均衡。人体活动一般在立三角形中取得平衡。根据这些规律，在园林造景中就可以广泛的运用三角形构图法进行园林静态空间与动态空间的重心处理等，它们均是取得景观均衡的有效方法。

不对称均衡的布置小至树丛、散置山石、自然水池；大至整个园林绿地、风景区的布局。它常给人以轻松、自由、活泼、变化的感觉。所以广泛应用于一般游憩性的自然式园林绿地中。

（三）对比与协调

对比是比较心理的产物。对风景或艺术品之间存在的差异和矛盾加以组合利用，取得相互比较、相辅相成的呼应关系。协调是指各景物之间形成了矛盾统一体，也就是在事物的差异中强调了统一的一面，使人们在柔和宁静的氛围中获得审美享受。园林景象要在对比中求协调，在协调中有对比，使景观既丰富多彩，行动活泼，又风格协调，突出主题。

对比与协调只存在于统一性质的差异之间，要在共同的因素下进行比较，如体量大小，空间的开敞与封闭，线条的曲直，色调的冷暖、明暗，材料质感的粗糙与细腻等，而不同性质的差异之间不存在协调对比，如体量大小与色调冷暖就不能比较。

（四）比例与尺度

比例要体现的是事物整体之间、整体与局部之间、局部与局部之间的一种关系。这种关系使人得到美感，就是合乎比例的。比例具有满足理智和艺术要求的特征。与比例相关联的是尺度，比例是相对的，而尺度涉及到的是具体尺寸。园林中的构图尺度是景物、建筑物整体和局部构件与人们所见的某些特定标准尺度的感觉。

比例与尺度受多种因素和变化的影响，典型的例子如苏州古典园林，多是明清时期的私家宅园，各部分造景都是效法自然山水，把自然山水提炼后缩小到园林中。建筑道路曲折有致，大小适合，主从分明，相辅相成，无论在全局上，还是局部上，它们相互之间以及与环境之间的比例尺度都是很相称的。就当时少数人的起居来说，其尺度是合适的。但是现在随着旅游事业的发展，国内外游客大量增加，使假山显得低而小，游廊显得矮而窄，其尺度就不符合现代游赏的需要了。所以不同的功能要求不同的空间尺度，不同的功能也要求不同的比例。

（五）节奏与韵律

节奏产生于人本身的生理活动，如心跳、呼吸、步行等。在建筑和风景园林中就是景物简单地反复连续出现，通过时间的运动而产生美感，如灯杆、花坛、行道树等。而韵律则是节奏的深化，是有规律但又自由地起伏变化，从而产生富有感情色彩的律动感，使得风景、音乐、诗歌等产生更深的情趣和抒情意味。由于节奏与韵律有着内在的共同性，故可以用节奏韵律表示它们的综合意义。

（六）多样统一

这是形式美的基本法则，其主要意义是要求在艺术形式的多样变化中，要有其内在和谐与统一的关系，既显示形式美的独特性，又具有艺术的整体性。多样而富有变化，必然杂乱无章；统一而无变化，则呆板单调。多样统一还包括形式与内容的变化与统一。风景园林是由多种要素组成的空间艺术，要创造多样统一的艺术效果，可通过许多途径来实现。如形体的变化与统一、风格流派的变化与统一、图彭线条的变化与统一、动势动态的变化与统一、形式内容的变化与统一、材料质地的变化与统一、线形纹理的变化与统一、尺度比例的变化与统一、局部与整体的变化与统一等。

第二节 园林色彩构成

一、色彩的概念

（一）色相

色相是指一种颜色区别于另一种颜色的相貌特征，简单地讲就是颜色的名称。不同波长的光具有不同的颜色，波长（单位：nm）与色相的关系如下：

波长：400—450—500—570—590—610—700

色相： 紫　蓝　青　绿　黄　橙　红

（二）明度

明度是指色彩明暗和深浅的程度，也称为亮度、明暗度。同一色相的光，由于被植物体吸收或被其他颜色的光中和，就会呈现出该色相各种不饱和的色调。同一色相，一般可以分为：明色调、暗色调、灰色调。

（三）纯度（色度、饱和度）

纯度是指颜色本身的明净程度，如果某一色相的光没有被其他色相的光中和或物体吸收，便是纯色。

二、色彩的分类和感觉

（一）色彩的分类

我们所能看到的物体的颜色，是由物体表面色素将照射到它上面的光线反射到我们眼睛而产生的视觉，太阳光线是由红、橙、黄、绿、青、蓝、紫7种颜色的光组成的。当物体被阳光照射时，由于物体本身的反射与吸收光线的特性不同而产生不同的颜色。在夜晚或光照很弱的条件下，花草树木的颜色无从辨认。因此，在一些夜晚使用的园林内，光照就显得特别重要。

红、黄、蓝3种颜色称为三原色。这3种颜色经过调和可以产生其他颜色，任何两种颜色等量（1∶1）调和后，可以产生另外3种颜色，即红+黄=橙，红+蓝=青，黄+蓝=绿，这3种颜色称为三原减色，这6种颜色称为标准色。

如果把三原色中的任意两种颜色按照2∶1的比例调和，又可以产生另外6种颜色，如2红+1黄=红橙，1红+2黄=黄橙，把这12种颜色用圆周排列起来就形成了12种色相。每种色相在圆环上占据30°（1/12）圆弧，这就是我们常说的十二色相环。在色相环上，两个距离互为180°的颜色称为补色，而距离相差120°以上的两种颜色称为对比色，其中互为补色的两种颜色对比性最强烈，如红与绿为补色，红与黄为对比色，而距离小于120°的两种颜色称为类似色，如红与橙为类似色。

（二）色彩的感觉

1.色彩的温度感

在标准色中，红、橙、黄三种颜色能使人们联想到火光、阳光的颜色，因此具有温暖的感觉，称之为暖色系。而蓝色和青色是冷色系，特别是对夜色、阴影的联想更增加了其冷的感觉。而绿色是介于冷、暖之间的一种颜色，故其温度感适中，是中性色。人们用"绿杨烟外晓寒轻"的诗句来形容绿色是十分确切的。

在园林中运用色彩的温度感时，春、秋宜采用暖色花卉，严寒地区就应该多用，而夏季宜采用冷色花卉，可以引起人们对凉爽的联想。但由于花卉本身生长特性的限制，冷色花的种类相对较少，这时可用中性花来代替，例如白色、绿色均属中性色。因此，在夏季应以绿树浓荫为主。

2.色彩的距离感

一般暖色系的色相在色彩距离上有向前接近的感觉，而冷色系的色相有后退及远离的感觉。6种标准色的距离感由远至近的顺序是紫、青、绿、红、橙、黄。

在实际园林应用中，为了加强其景深效果，应选用冷色系色相的植物作为背景的景观色彩。

3.色彩的重量感

不同色相的重量感与色相间亮度差异有关，表度强的色相重量感轻，反之则重。例如青色较黄色重，而白色的重量感较灰色轻。同一色相中，明色重量感轻，暗色重量感重。

色彩的重量感在园林建筑中关系较大，一般要求建筑的基础部分采用重量感强的暗色，而上部采用较基础部分轻的色相，这样可以给人一种稳定感。另外，在植物栽植方面，要求建筑的基础部分种植色彩浓重的植物种类。

白宫前的植物配置主要以色彩浓重的植物进行装饰，前面的喷水池以黄色菊花装饰边缘，点缀出主体建筑——白宫。它给人以疏淡平和、静雅无华的感觉，同时通过绿色和白色的对比给人以稳重的感觉。

4.色彩的面积感

一般橙色系色相，主观上给人一种扩大的面积感，青色系的色相则给人一种收缩的面积感。另外，亮度高的色相面积感大，而亮度弱的色相面积感小。同一色相，饱和的较不饱和的面积感大，如果将两种互为补色的色相放在一起，双方的面积感均可加强色彩的面积感。

这在园林中应用较多，在相同面积的前提下，水面的面积感最大，草地的面积感次之，而裸地的面积感最小。因此，在较小面积园林中，设置水面比设置草地更可以达到扩大面积的效果。在色彩构图中，多运用白色和亮色，同样可以产生扩大面积的错觉。

5.色彩的运动感

橙色系色相可以给人一种较强烈的运动感；而青色系色相可以使人产生宁静的感觉。同一色相中明色运动感强，暗色调运动感弱，而同一色相中饱和的运动感强，不饱和的运动感弱，亮度强的色相运动感强，亮度弱的运动感弱。互为补色的二色相结合时，运动感最强烈。两个互为补色的色相共处一个色组中时，比任何一个单独的色相，在运动感上要强烈得多。

在园林中，可以运用色彩的运动感创造安静与运动相结合的环境，例如在园林中，休息场所和疗养地段可以多采用运动感弱的植物色彩，为人们创造一种宁静的气氛。而在运动性场所，如体育活动区、儿童活动区等，应多选用具有强烈运动感色相的植物和花丼，创造一种活泼、欢快的气氛。

（三）色彩的感情

色彩容易引起人们思想感情的变化，由于人们受传统的影响，对不同的色彩有不同的思想情感，色彩的感情是通过其美的形式表现出来的，色彩的美可以引起人们的思想变化。色彩的感情是一个复杂、微妙的问题，对不同的国家、不同的民族、不同的条件和时间，同一色相可以产生许多种不同的感情，下面就这方面的内容作一简单介绍：

1.红色给人以兴奋、热情、喜庆、温暖、扩大、活动及危险、恐怖之感。

2.橙色给人以明亮、高贵、华丽、焦躁之感。

3.黄色给人以温和、光明、纯净、轻巧及憔悴、干燥之感。

4.绿色给人以青春、朝气、和平、兴旺之感。

5.紫色给人以华贵、典雅、忧郁、恐惑、专横、压抑之感。

6.白色给人以纯洁、神圣、高雅、寒冷、轻盈及哀伤之感。

7.黑色给人以肃穆、安静、坚实、神秘及恐怖、忧伤之感。

以上只是简单介绍了几种色彩的感情，这些感情不是固定不变的，同一色相用在不同的事物上会产生不同的感觉，不同民族对同一色相所引起的感情也是不一样的，这点要特别注意。

三、色彩在园林中的应用

（一）天然山水和天空的色彩

在园林设计中，天然山水和天空的色彩不是人们能够左右的，因此一般只能作背景使用。在园林中常用天空作一些高大主景的背景来增加其景观效果，如青铜塑像、白色的建筑等。

白塔以蓝色的天空作为背景，下有绿色的湖面做掩映增加了塔的景观效果。园林中的水面颜色与水的深度、水的纯净程度、水边植物、建筑的色彩等关系密切，特别是受天空颜色的影响较大。通过水面映射周围建筑及植物的倒影，往往可以产生奇特的艺术效果，在以水面为背景或前景布置主景时，应着重处理主景与四周环境和天空的色彩关系，另外要注意水的清洁，否则会大大影响风景效果。

（二）园林建筑、道路和广场的色彩

由于都是人为建造的，所以其色彩可以人为控制，建筑的色彩一般要求注意以下几点：

1.结合气候条件设置色彩，南方地区以冷色为主，北方地区以暖色为主。

2.考虑群众爱好与民族特点，例如南方有些少数民族地区喜好白色，而北方地区群众喜欢暖色。

3.与园林环境关系既有协调，又有对比，布置在园林植物附近的建筑，应以对比为主，在水边和其他建筑边的色彩以协调为主。

4.与建筑的功能相统一，休息性的以具有宁静感觉的色彩为主，观赏性的以醒目色彩为主，道路及广场的色彩多为灰色及暗色，其色彩是由建筑材料本身的特性决定的，但近些年来，由于工制造的地砖、广场砖等色彩多样，如红色、黄色、绿色等，将这些铺装材料用在园林道路及广场上，丰富了园林的色彩构图。一般来说，道路的色彩应结合环境设置，不宜将其色彩过于突出更加醒目。在草坪中的道路可以选择亮一些的色彩，而在其他地方的道路应以温和、暗淡为主。

（三）园林植物的色彩

园林植物色彩构图的处理方法有：

1.单色处理以一种色相布置于园林中，但必须通过个体的大小，姿态上形成对比。例如绿草地中的孤立树，虽然均为绿色，但在形体上是对比，因而取得较好的效果。另外，在园林中的块状林地，虽然树木本身均为绿色，但有深绿、淡绿及浅绿等之分，同样可以创造出单纯、大方的气氛。

2.多种色相的配合。其特点是植物群落给人一种生动欢快活泼的感觉，如在花坛设计中，常用多种颜色的花配在一起，创造出一种欢快的节日气氛。

3.两种色彩配置在一起。如红与绿，这种配合给人一种特别醒目、刺眼的感觉。在大面积草坪中，配置少量红色的花丼更具有良好的景观效果。

4.类似色的配合。这种配合常用在从一个空间向另一空间过渡的阶段，给人一种柔和安静的感觉。

（四）观赏植物配色

在实际的园林绿地中，经常以少量的花卉布置于绿树和草坪中，丰富园林的色彩。

1.观赏植物补色对比：应用在绿色中，浅绿色受光落叶树前，宜栽植大红的花灌木或花卉，可以得到鲜明的对比，例如红色的碧桃、红花的美人蕉、红花紫薇等。草本花卉中，常见的同时开花的品种搭配有玉簪花与萱草、桔梗与黄波斯菊、郁金香中黄色与紫色、三色堇的金黄色与紫色等等，具体哪些花卉可以使用，必须熟悉各种花的开花习性及色彩，才能在实际应用中得心应手。

2.邻补色对比：用邻补色对比，可以得到活跃的色彩效果，凡是金黄色与大红色、青色与大红、橙色与紫色、金黄色与大红色美人蕉的配合等均属此类型。

3.暖色花在植物中较常见，而冷色花则相对较少，特别是在夏季，而一般要求夏季炎热地区要多用冷色花丼，这给园林植物的配置带来了困难，常见的夏季开花的冷色花丼有矮牵牛、桔梗、蝴蝶豆等。在这种情况下可以用一些中性的白色花来代替冷色花，效果也是十分明显的。

4.类似色的植物应用园林中常用片植方法栽植一种植物，如果是同一种花卉且颜色相同，势必产生没有对比和节奏的变化。因此常用同一种花卉不同色彩的花种植在一起，这就是类似色，如金盏菊中的橙色与金黄色品种配植、月季的深红与浅红色配植等，这样可以使色彩显得活跃。在木本植物中，阔叶树叶色一般较针叶树要浅，而阔叶树中，在不同的季节，落叶树的叶色也有很大变化，特别是秋季。因此在园林植物的配植中，就要充分利用这种富于变化的叶色，从简单的组合到复杂的组合，创造出丰富的植物色彩景观。

5.夜晚植物配植一般在有月光和灯光照射下的植物，其色彩会发生变化，比如月光下，红色花变为褐色，黄色花变为灰白色。因此在晚间，植物色彩的观赏价值变低，在这种情况下，为了使月夜景色迷人，可采用具有强烈芳香气味的植物，使人真正感到"疏影横斜水清浅，暗香浮动月黄昏"的动人景色可选用的植物有晚香玉、月见草、白玉兰、含笑、茉莉、瑞香、丁香、木樨、腊梅等，这些植物一般布置于小广场、街心花园等夜晚游人活动较为集中的场所。几乎所有的园林都有相对固定的景观，如燕京八景、西湖十景、圆明园四十景、避暑山庄七十二景等。所谓"景"即风景、景致，是指在园林绿地中，自然的或经人为艺术创造加工，并以自然美为特征的，供人们游憩欣赏的空间环境称为景。一般园林中的景均根据其特征而命名，如"芦沟晓月"、"断桥残雪"，这些景有人工的也有自然的。人工造景要根据园林绿地的性质、功能、规模，因地制宜地运用园林绿地构图的基本规律去规划设计。

第三节 园林的形式与特征

一、园林布局形式特征

园林布局的形式是园林设计的前提，有了具体的布局形式，园林内部的其他设计工作才能逐步进行。园林布局形式的产生和形成，是与世界各个国家、各个民族的文化传统、地理条件等综合因素的作用分不开的。英国造园家杰克在1954年召开的国际风景园林家联合会第四次大会上致词说：世界造园史三大流派，中国、西亚和古希腊。上述三大流派归纳起来，可以把园林的形式分为三类。这就是规则式、自然式和混合式。

（一）规则式园林

规则式园林，又称整形式、几何式、建筑式园林。整个平面布局、立体造成型以及建筑、广场、道路、水面、花草树木等都要严格对称。在中世纪英国风景园林产生之前，西方园林主要以规则式为主，其中以文艺复兴时期意大利台地园和19世纪法国勒诺特平面几何图案式园林为代表。我国的北京天坛、南京中山陵也都采用规则式布局。规则式园林给人以庄严、雄伟、整齐之感，一般用于气氛较严肃的纪念性园林或有对称轴的建筑庭园中。

中山陵的建筑风格中西合璧，钟山的雄伟形势与各个牌坊、陵门、碑亭、祭堂和墓室，通过大片绿地和宽广的通天台阶，连成一个大的整体，既有深刻的含意，又显得十分庄严雄伟，更有宏伟的气势，设计非常成功，所以被誉为"中国近代建筑史上的第一陵"。

1.中轴线

全园在平面规划上有明显的中轴线，并大抵以中轴线的左右、前后对称或变则对称布置，园地的划分大都成几何形体。

采用左右完全对称的形式，以水池为中轴，在心理学上表现其庄重、稳定、和理性的特点。

2.地形

在较开阔、平坦的地段，由不同高程的水平面及平缓倾斜的平面组成；在山地及丘陵地带，由阶梯式的大小不同的水平台地倾斜的平面及石级组成，其剖面均由直线所组成。

3.水体

其外形轮廓均为几何形，主要是圆形和长方形。水体的驳岸多整形、垂直，有时加以雕塑；水景的类型有整形水池、整形瀑布、喷泉及永渠运河等。古代神话雕塑与喷泉构成了水景的主要内容。

4.广场和道路

广场多为规则对称的几何形，主轴和副轴线上的广场形成主次分明的系统，道路无损呈直线形、折线形或几何曲线形。广场与道路构成方格形、环状放射形、中轴对称或不对称的几何布局。

5.建筑

主体建筑群和单体建筑多采用中轴对称均衡设计，多以主体建筑群和次要建筑群形成与广场、道路相组合的主轴、副轴系统，形成控制全园的总格局。

6.种植设计

配合中轴对称的总格局，全园树林配置以等距离行列式、对称式为主，树木修剪整形多模拟建筑形体、动物造型，绿篱、绿墙、绿柱为规则式园林较突出的特点。园内常运用绿篱、绿墙和丛林来划分和组织空间，花卉布置常为以图案为主要内容的花坛和花带，有时也会布置成大规模的花坛群。

7.园林小品

园林雕塑、园灯、栏杆等装饰点缀了园景。西方园林的雕塑主要将人物雕像布置于室外，并且雕像多配置于轴线的起点、焦点或终点。雕塑常与喷泉、水池构成水体的主景。从另一角度探索、规则式园林的设计手法，园林轴线多视为是主体建筑室内中轴线向室外的延伸。一般情况下，主体建筑主轴线和室外轴线是一致的。

（二）自然式园林

自然式园林，又称风景式、不规则式、山水式园林。中国园林从周朝开始，经历代的发展，不论是皇家宫苑还是私家宅园，都是以自然山水园林规划设计为基础，一直发展到清代。保留至今的皇家园林，如北京颐和园、承德避暑山庄；私家宅园，如苏州的拙政园、网狮园等都是自然山水园林的代表作。自然式园林从6世纪传入日本，18世纪后传入英国。自然式园林以模仿再现自然为主，不追求对称的平面布局，立体造型及园林要素布置均较自然和自由，相互关系较隐蔽含蓄。这种形式较适合于有山、有水、有地形起伏的环境,以含蓄、幽雅的意境深远而见长。

1.地形

自然式园林的创作讲究"相地合宜,构园得体"。主要处理地形的手法是"高方欲就亭台,低处可开池沼"的"得景随形"。自然式园林规划设计最主要的地形特征是"自成天然之趣",所以在园林中,要求再现自然界的山峰、山巅、崖、岗、岭、峡、岬、谷、坞、坪、穴等地貌景观。在平原,要求自然起伏、和缓的微地形。地形的剖面线则为自然曲线。

2.水体

这种园林的水体讲究"疏源之去由,察水之来历",园林规划设计水景的主要类型有湖、池、潭、沼、汀、溪、涧、洲、渚、港、湾、瀑布、跌水等。总之,水体要再现自然界水景。水体的轮廓为自然曲折,水岸为自然曲线的倾坡度,驳岸主要用自然山石驳岸、石矶等形式。在建筑附近或根据造景需要,也会用部分条石砌成直线或折线驳岸。

3.广场与道路

除建筑前广场为规则式外,园林中的空旷地和广场的外形轮廓均为自然式布置。道路的走向和布置多随地形变化。道路的平面和剖面多为自然起伏曲折的平面线和竖曲线组成。

4.建筑

单体建筑多为对称或不对称的均衡布局;建筑群或大规模的建筑组群,多采用不对称均衡的布局。全园不以轴线控制,但局部仍由轴线处理。中国自然式园林中的建筑类型有亭、廊、榭、舫、楼、阁、轩、馆、台、塔、厅、堂、桥等。

5.种植设计

在自然式园林中植物种植为反映自然界的植物群落之美而不成行成列地栽植。树木一般不修剪,配植以孤植、丛植、群植、林植为主要形式。花卉的布置以花丛、花群为主要形式。庭院内也有花台的应用。

6.园林小品

园林小品有假山、石品、盆景、石刻、砖雕、石雕、木刻等形式。其中雕像的基座多为自然式，小品的位置多配置于透视线集中的焦点。

（三）混合式园林

所谓混合式园林，主要指规则式、自然式交错组合，全园没有或不能形成控制全园的主轴线和副轴线，只有局部景区、建筑以中轴对称布局，或全园没有明显的自然山水骨架，不能形成自然格局。一般情况下，多结合地形，在原地形平坦处，根据总体规划需要安排规则式的布局。在原地形条件较复杂，具备起伏不平的地带，结合地形规划成自然式。类似上述两种不同形式规划的组合就是混合式园林。

这一圆形花园内容丰富，既整齐对称，也自然曲折，道路与园外相接十分方便。

（四）园林形式的确定

1.根据园林的性质

不同性质的园林，必然有与其相对应的不同的园林形式，力求园林的形式反映园林的特性。纪念性园林、植物园、动物园、儿童公园等，由于各自的性质不同，决定了各自与其性质相对应的园林形式，如以纪念历史上某一重大历史事件中英勇牺牲的革命英雄、革命烈士为主题的烈士陵园，较有名的有中国广州起义烈士陵园、南京雨花台烈士陵园、长沙烈士陵园、德国柏林的苏军烈士陵园、意大利的都灵战争牺牲者纪念碑园，美国华盛顿韩战纪念公园等，都是纪念性园林。这类园林的性质，主要是缅怀先烈革命功绩，激励后人发扬革命传统，起到爱国主义、国际主义思想教育的作用。这类园林布局形式多采用中轴对称、规则严整和逐步升高的地形处理方式，从而营造出雄伟崇高、庄严肃穆尚气氛。而动物园主要属于生物科学的展示范畴，要求公园给游人以知识和美感的享受，所以，从规划形式上，要求自然、活泼，创造寓教于游的环境。儿童公园更要求形式新颖、活泼、色彩鲜艳、明朗，公园的景色、设施与儿童的天真、活泼性格相协调。园林的形式服从于园林的内容，体现园林的特性，表达园林的主题。

2.根据不同文化传统

由于各民族、国家之间的文化、艺术传统的差异，决定了园林形式的不同。由于中国传统文化的沿袭，形成了自然山水园的自然式规划形式。而同样是多山国家的意大利，由于受其传统文化和本民族已有的艺术水准和造园风格的影响，即使是自然山地条件但意大利的园林却采用了规则布置的形式。

3.根据不同的意识形态

西方流传着许多希腊神话，神话把人神化，描写的神实际上是人。结合西方雕塑艺术，在园林中把许多神像规划在园林空间中，而且多数放置在轴线上或轴线的交叉中心处。传说中国传统的道教描写的神仙则往往住在名山大川中，在园林中所有的神像应用一般供奉在殿堂之内，而不会展示在园林空间中，几乎没有裸体神像。上述事实都说明了不同的意识形态决定不同的园林表现形式。

4.根据不同的环境条件

由于地形、水体、土壤气候的变化和环境的差异，在公园规划实施中很难做到绝对规则式和绝对自然式。往往对建筑群附近及要求较高的园林种植类型采用规则式进行布置，而在远离建筑群的地区，自然式布置则较为经济和美观，如北京中山公园。在规划中，如果原有地形较为平坦，自然树少，面积小，周围环境规则，则以规则式为主。如果原有地形起伏不平或水面和自然树林较多处，面积较大，则以自然式为主。林荫道、建筑广场、街心公园等多以规则式为主。大型居住区、工厂、体育馆、大型建筑物四周绿地则以混合式为宜。森林公园、自然保护区、植物园等多以自然式为主。

二、园林艺术及构图法则

（一）园林艺术

园林是一种综合大环境的概念，它是在自然景观的基础上，通过人为的艺术加工和工程措施而形成的。园林艺术是指导园林创造的理论，进行园林艺术理论研究，应当具备美学、艺术、绘画、文学等方面的基础理论知识，尤其是美学知识的运用。

1.艺：藝，《动》，会意，甲骨文字形。左上是"木"，表植物；右边是人用双手操作。又写成"埶",从坴,土块;从丮,拿,后繁化为"藝"。"艺"从"艹",乙声。本义:种植;同本义〔plant;grow〕;艺,种也。《说文》;艺麻之如何?

2.艺术:〔art〕,文艺,对社会生活进行形象的概括而创作的作品,包括文学、绘画、雕塑、建筑造型、音乐、舞蹈、戏剧、电影等。

3.艺术品:〔art craft;arts and craft;work of art〕,任何种类的艺术作品,尤指具有高度艺术质量的画或雕塑给观众或听众以高度美感满足的动作或事物。是在实际效果和实际用途以外的。某些有价值的和给人以喜悦的东西,〔art form〕可看作是艺术创作的成果,绘画、雕刻领域外的作品和包括在艺术创作内的那些作品,比较起来,这类作品的创作原理一般是辨别出来的。

4.艺术性:〔artistry〕,效果或工艺的美学特性。

5.美:beauty,形貌好看,漂亮〔beautiful;good—looking;handsome;pretty〕;美孟姜也。

6.美学:〔aesthetics〕,哲学的一个分支,论述美和美的事物,尤指对审美鉴赏力的判断;美术的哲学或科学;特指主题是描述和解释美术、美术现象和美学经验并包括心理学、社会学、人类学、艺术史等重要的有关方面的科学。

7.园林美:所谓园林美是指应用天然形态的物质材料,依照美的规律来改造,改善或创造环境,使之更自然,更美丽,更符合时代社会审美要求的一种艺术创造活动。园林美实质上是一种艺术美。艺术是生活的反映,生活是艺术的源泉。这决定了园林艺术有其明显的客观性。从某种意义上说,园林美是一种自然与人工,现实与艺术相结合的融哲学、心理学、伦理学、文学,美术音乐等于一体的综合性艺术美。园林美源于自然美,又高于自然美。正如歌德说的:"既是自然的,又是超自然的。"

园林艺术是一种实用与审美相结合的艺术。其审美功能往往超过了它的实用功能,是以游赏为主的。

园林艺术是园林学(有时叫造园学)研究的主要内容,是研究关于园林规划、创作的艺术体系，是美学、艺术、绘画、文学等多学科理论的综合运用，尤其是美学的运用。园林形式与特征是园林设计的前提，有了具体的布置形式，园林内部的其他设计工作才能逐步进行。

（二）园林艺术构图法则

1.统一与变化

任何完美的艺术作品，都有若干不同的组成部分。各个组成部分之间既有区别，又有内在联系，通过一定的规律组成一个完整的整体。其各部分的区别和多样，是艺术表现的变化，其各部分的内在联系和整体，是艺术表现的统一。有多样变化，又有整体统一，是所有艺术作品表现形式的基本原则。

2.调和与对比

对比和调和，是事物存在的两种矛盾状态，它体现出事物存在的差异性。所不同的是，"调和"是在事物的差异性中求"同"，"对比"是在事物的差异性中求"异"。"调和"是把两个大体相当的东西并在一起，使人感到融合、协调，在变化中求得一致对比则是把两种极不相同的东西放在一起，使人感到鲜明、醒目，富有层次美。在园林构图中，任何两种景物之间都存在一定的差异性，差异程度明显的，各自特点就会显得突出，对比鲜明；差异程度小的，显得平缓、和谐，具有整体效果。所以，园林景物的对比到调和统一，是一种差异程度的变化。

对比的手法有很多，在空间程序安排上有欲扬先抑，欲高先低，欲大先小，以暗求明，以素求艳等。现就静态构图中的对比与调和分述如下：

（1）形象的对比

园林布局中构成园林景物的线、面、体和空间常具有各种不同的形状，在布局中只采用一种或类似的形状时易取得协调统一的效果，如在圆形广场中置圆形的花坛，因形状一致而显得协调，而采用差异显著的形状进行对比，可突出变化的效果，如方形广场中布置圆形花坛或在建筑庭院布置自然式花台。在园林景物中应用形状对比与调和的方法常常是多方面的，如建筑广场与植物之间的布置，建筑与广场在平面上多采用调和的方法，而与植物尤其与树木之间多运用对比的手法，以树木的自然曲线与建筑广场的直线对比，来丰富立面景观。

（2）体量的对比

在园林布局中常常用若干较小体量的物体来衬托较大体量的物体，以突出主体，强调重点。

颐和园后山，后湖北面的山比较平，在这个山上建有一个小庙，小庙的体量比一般的庙小得多，在不太远处的万寿山上一望，似乎庙小山远，山远就不觉得山低了。

（3）方向的对比

在园林的体形、空间和立面的处理中，常常运用垂直和水平方向的对比，以丰富园林景物的方向。

白塔垂直方向高耸园中，与四周的平地及水面形成方向的对比，恰好突出主景白色的塔，与绿色的树，与黄色的琉璃瓦建筑也形成对比，同时高耸的白塔又与整个北海相协调。

（4）开闭的对比

在空间处理上，开敞空间与闭锁空间也形成对比。在园林中利用空间的收放开合，形成敞景与聚景的对比，开敞空间景物在视平线以下可旷望。闭锁空间景物指高于在视平线之上，可近寻。开敞风景与闭锁风景两者共存于同一园林中，相互对比，彼此烘托，视线忽远忽近，忽放忽收。自闭锁空间窥视开敞空间，可增加空间的对比感，达到引入入胜的效果。

（5）明暗的对比

由于光线的强弱，造成景物、环境的明暗。环境的明暗对人有不同的感觉。明，给人以开朗活泼的感觉；暗、给人以幽静柔和的感觉。一般来说，明暗对比强的景物令人有轻快振奋的感觉，明暗对比弱的景物令人有柔和沉郁的感觉。在密林中留块空地，叫林间隙地，是典型的明暗对比，如同在较暗的屋中开个天窗，有"柳岸花明又一村"的感受。

游人在日光下希望走入林中寻求阴凉，在林中游览时又企盼阳光照射，在心理及生理上追求明暗的对比。这两幅彩照是在同一片树林内外拍摄的，一幅是由明入暗，一幅是由暗入明。同时这两幅照片在空间处理上，开敞空间与闭锁空间形成了对比。

（6）虚实的对比

园林中的虚实常常是指园林中的石墙与空间，密林与疏林、草地，山与水的对比等等。在园林布局中要做到虚中有实，实中有虚是很重要的。

此亭主要供主人赏月，亭内墙壁上嵌有一面镜子，在中秋之夜于此亭可赏到"五个月亮"即天上月、水中月、镜中月、盘中"月"和心中"月"。虚虚实实，真真假假。安装的镜子同时扩大了园子的空间感。

（7）色彩的对比

色彩的对比与调和，包括色相和色度的对比与调和。色相的对比是指相对的两个补色产生对比效果如红与绿，黄与紫，色相的调和是指相临的色如红与橙，橙与黄等。园林中色彩的对比与调和是指在色相与色度上，只要差异明显就可产生对比的效果，差异细小就产生调和效果。利用色彩对比关系可引入注目，如"万绿丛中一点红"。

（8）质感的对比

在园林布局中，常常可以运用不同材料的质地或纹理，来丰富园林景物的形象。材料质地是材料本身所具有的特性。不同材料质地给人不同的感觉，如粗面的石材，混凝土，粗木，建筑等给人感觉稳重，而细质光滑的石材，细木，植物等则给人感觉轻松。

3.均衡与稳定

由于园林景物是由一定的体量和不同材料组成的实体，因而常常表现出不同的重量感，探讨均衡与稳定的原则，是为了获得园林布局的完整和安定感。稳定是就园林布局的整体上下的轻重关系而言的。而均衡是指园林布局中的部分与部分的相对关系，例如左与右，前与后的轻重关系，具体又有以下几种形式：

（1）对称均衡

北海五龙亭——整体完全对称（北海北岸西部，是明代建筑，专为皇帝垂钓而建。有亭子五座，曲折排列在岸边，宛如水中的一条游龙，故名五龙。中间最大的亭子叫龙泽亭,顶部为双重檐圆顶,呈伞形,亭四周台基前后都有长方形的月台。东边两座:一名澄祥,一名滋香;西边两座:一名涌瑞,一名浮翠。

(2)不对称均衡

为了实现功能与装饰的双重效果,入口道路两旁一边是龙柏,一边是毛白杨,打破了传统上两侧种植相同行道树的习惯。

(3)质感均衡

美俄亥俄州的树木园——在这个树木园接待中心的大门外,右边有一块顽石,左边有一株大乔木,意欲求得平衡。

(4)稳定

苏州盘门的瑞光塔——建筑基部体量大于上部给人以稳重感。

4.比例与尺度

园林是由园林植物、园林建筑、园林道路场地、园林水体、山、石等组成的,它们之间都有一定的比例与尺度的关系。

园林构图中的比例包括两方面的意义:一方面指园林景物,建筑物整体或者它们的某个局部构件本身的长、宽、高之间的大小关系;另一方面是园林景物,建筑物整体与局部,或局部与局部之间空间形体体量大小的关系。园林构图的尺度是景物,建筑物整体和局部构件与人们所习见的某些特定标准的大小关系。

此亭两侧的沿墙走廊采用了比一般传统尺码矮小的规格,在池的对岸观之,则觉得池面深远,扩大了空间感。

园林构图中的比例与尺度都要以使用功能和自然景观为依据。景物本身的比例与尺度是景物整体或局部大小与人体高矮、人体活动空间大小的度量关系,也是人们常见的某些特定标准之间的大小关系。比例的不同给人的感受也不同。1:2.236具有向上感;1:2具有俊俏感;1:1.732具有轻快感;1:1.414具有豪华感;1:1.68(黄金比例)具有稳健感;1:1具有端正感。

比例与尺度受多种因素和变化影响,典型的例子如苏州古典园林,是明清时期江南私家山水园,园林各部分造景都效法自然山水,把自然山水经提炼后缩小在园林之中，建筑道路曲折有致，大小合适，主从分明，相辅相成，无论在全局上或局部上，它们相互之间以及与环境之间的比例尺度都是很相称的，就当时少数起居游赏来说，其尺度也是合适的。但是现在随着旅游事业的发展，国内外游客大量增加，游廊显得矮而窄，假山显得低而小，庭院不敷回旋，其尺度就不再符合现代审美功能的需要，所以不同的功能，要求不同的空间尺度，另外不同的功能也要求不同比例，如颐和园是皇家宫苑园林，为显示皇家宫苑的雄伟气魄，殿堂山水的比例比苏州私家古典园林更大。

5.节奏与韵律

节奏韵律就是指艺术表现中某一因素做有规律的重复，有组织的变化。重复是获得韵律的必要条件，但只有简单的重复而缺乏有规律的变化，就会令人感到单调、枯燥，所以节奏韵律是园林艺术构图多样统一的重要手法之一。园林构图的节奏与韵律方法有很多，常见的有：

（1）简单韵律

即由同种因素等距反复出现的连续构图。如距的行道树，等高等距的长廊，等高等宽的登山道，爬山廊等等。

（2）交替的韵律

即由两种以上因素交替等距反复出现的连续构图。行道树用一株桃树一株柳树反复交替的栽植，两种不同花坛的等距交替排列，登山道一段踏步与一段平面交替等等。

（3）渐变的韵律

渐变的韵律是指园林布局连续重复的组成部分，在某一方面规律地逐渐增加或减少所产生的韵律，如体积的大小，色彩的浓淡，质感的粗细等，渐变韵律也常在各组成部分之间有不同程度或繁简上的变化。园林中，在山体的处理上，建筑的体型上，经常应用从下而上愈变愈小的方法，如塔体下大上小，间距也下大上小等。

大雁塔通过建筑体量上由底部较大而向上逐渐递减缩小的方式，使建筑的体型呈现出简便的韵律。

（4）起伏曲折韵律

由一种或几种因素在形象上出现较规律的起伏曲折变化所产生的韵律。如连续布置的山丘、建筑、树木、道路、花径等，可有起伏、曲折变化，并遵循一定的节奏规律，围墙，绿篱也有起伏式的。

（5）拟态韵律

即有相同因素又有不同因素反复出现的连续构图。如花坛的外形相同，但花坛内种的花草种类，布置又各不相同，漏景的窗框一样，但漏窗的花饰又各不相同等。

（6）交错韵律

即某一因素做有规律地纵横穿插或交替，其变化是按纵横或多个方向进行的。如空间一开一合，一明一暗，景色有时鲜明，有时素雅，有时热闹，有时幽静等，如组织地好都可产生节奏感。在园林布局中，有时一个景物，往往有多种韵律节奏方式可以运用，在满足功能要求的前提下，可采用合理的组合形式，创作出理想的园林艺术形象，所以说韵律是园林布局中统一与变化的一个重要方面。

6.比拟与联想

（1）模拟自然山水

苏州沧浪亭——摹拟自然山水风景，创造"咫尺山林"的意境，使人有"真山真水"的感受，联想到名山大川，天然胜地，面对着园中的小山小水产生"一峰则华山千寻，一勺则江湖万里"的联想，这是以人力巧夺天工的"弄假成真"。

（2）利用植物的特性、姿态、形象、色彩等赋予人性比拟形象物

（3）利用园林建筑小品、雕塑造型等创造比拟形象

（4）利用文物、古迹的形象来比拟知识、思想、道德、精神

虎丘山位于苏州西北角，据传因其外形远望像老虎而得名。虎丘依山伴水，风景秀丽，号称"三绝"；历代著名文人来此题诗作画，集中了吴中文化的精华；各种思想文化、宗教传说也使虎丘披上了神秘的色彩。

（5）利用文学如匾额、楹联、诗文等揭示园、景的立意

每当在无风的月夜，水平似镜，秋月倒映于湖中，令人联想起"万顷湖面长似镜，四时月好正宜秋"的诗句。把实境升华为意境，令人浮想联翩。

三、园林造景及景观分析

（一）景

我国园林中，常有"景"的提法，如燕京八景、西湖八景、关中八景、圆明园四十景、避暑山庄七十二景等。所谓"景"即风景，景致，是指在园林中，自然的或经人为创造加工的，并以自然美为特征的一种供作游息观赏的空间环境。所谓"供作游息观赏的空间环境"，即是说，景绝不是引起人们美感的画面，而是具有艺术构思且能入画的空间环境，这种空间环境能供人游息欣赏，符合园林艺术构图规律的空间形象和色彩，也包括声、香、味及时间等环境因素。如西湖的"流浪闻莺"，关中的"雁塔晨钟"，避暑山庄的"万壑松风"是有声之景；西湖的"断桥残雪"，燕京的"琼岛春荫"，避暑山庄的"梨花半月"都是有时之景。由此说明风景构成要素（即山、水、植物、建筑、以及天气和人文特色等）的特点是景的主要来源。

（二）造景

造景，即人为地在园林绿地中创造一种既有一定使用功能又有一定意境的景区。人工造景要根据园林绿地的性质、功能、规模、因地制宜的运用园林绿地构图的基本规律去规划设计。

（三）园林景观分析

水作为一种晶莹剔透、洁净清心，既柔媚、又强韧的自然物质，以其特有的形态及所蕴涵的哲理思维，不仅早已进入了我国文化艺术的各个领域，而且也成为园林艺术中一种不可缺少的、最富魅力的一种园林要素。

古人云："水性至柔，是瀑必劲"、"水性至动，是潭必静"，仅从水的本身而言，已是一种刚柔相济、动静结合的一种"奇物"了。

早在近三千年前的周代，水已成为园林游乐的内容。在中国传统的园林中，几乎是"无水不园"，故有人将水喻为园林的灵魂。有了水，园林就更

添活泼的生机，也更增加波光粼粼水影摇曳的形声之美。但是，红花虽好，也要绿叶扶持。水影要有景物才能形成；水声要有物体才能鸣；水舞要有动力才能跳跃；水涛要有驳岸才能起落……没有其他要素，也难以发桑泊历史。

历史上，像南京玄武湖这样命运多舛的湖泊并不多见，除了经常被迫更换名称之外，玄武湖忽大忽小，时有时无的经历也不是其它湖泊所能比拟的。

玄武湖古名桑泊，至今已有一千五百多年，是岩浆侵入断层破碎的软弱部位，经过风化剥蚀后发展而成的湖盆，接受钟山西北的地表径流，三国时代吴王孙权引水入湖后，玄武湖才初具湖泊的形态。历史上的湖面要比现存的广阔得多。玄武湖方圆近五里，分作五洲，洲堤桥相通，浑然一体，处处有山有水，山异，终年景色如画。而玄武湖历史上曾有过"五洲公园"之称。公园五洲之格局于世界五洲之格局，似乎在寓意着五大洲，人民团结的美好前景的同时象征着金陵人的博大胸怀和热情好客。

自玄武湖开始大量蓄水之后，人工改造的工程就从未停过，湖泊本身也因地理位置、环境或功能的不同而频频更名。玄武湖初期的名称叫做"后湖"或"北湖"，取名后湖的原因是玄武湖的位置正好位于钟山之阴，对南京城的居民来说，山背的这座湖泊当然称为后湖。至于北湖名称的由来，则是因为玄武湖位于六朝京城之北，取名北湖自然也有它的命名依据。另外，"玄武"这两个字的实际意义指的是"北方之神玄武湖"和"北湖"这两个名词其实也没有多大的差别。"玄武"是中国神话故事中的四神之一，它的具体形象是龟与蛇的复合体，玄武和青龙、白虎、朱雀共同代表着东南西北四个方位，其中玄武湖实际上就是北湖的意思。

玄武湖位于南京城中，钟山脚下，属于国家级风景区，并且是江南三大名湖之一。巍峨的明城墙、秀美的九华山、古色古香的鸡鸣寺环抱其右，占地面积472公顷，其中水面积368公顷、陆地104公顷。

玄武湖中分布有五块绿洲，形成五处景区。环洲，假山瀑布尽显江南园林之美，其中由宋代花石纲的遗物太湖石组成的"童子拜观音"景点尤为壮观。菱洲，洲东濒临钟山，有"千云非一状"的钟山云霞，故有"菱洲山岚"的美名。梁洲，梁洲为五洲中开辟最早、风景最胜的一洲。樱洲，樱洲在环洲怀抱之中，是四面环水的洲中洲。洲上遍植樱花，早春花开，繁花似锦，人称"樱洲花海"。翠洲，翠洲风光幽静，别具一格。玄武湖五洲之间，桥堤相通，别具特色。

从玄武门开始，一条形如玉环的陆地，从南北两面深入湖中，即为环洲。步入环洲，碧波拍浪。细柳依依，微风拂来，宛如烟云舒卷，故有"环洲烟柳"之称。

从环洲向北过芳桥便是梁洲。梁洲因梁朝时梁武帝的儿子昭明太子萧统在此建读书台而得名。当年太子在此聚书近三万卷，博览群书，还常召集贤士谈论古今，撰写文章，选编了我国最早的一部诗文选集《昭明文选》，这对以后的文学发展与研究产生了积极的影响。据说后来昭明太子在湖上荡舟游玩时，不慎掉入水中，得病不治而死。人们为了纪念这位好学的太子，将他的读书台所在地称为梁洲。但是，目前观赏的读书台建在翠洲。梁洲一年一度的菊展，传统壮观，故有"梁洲秋菊"的美称。洲上有白苑餐厅、观鱼池、盆景馆、览胜楼、阅兵台、友谊厅、牡丹园、闻鸡亭、湖神庙、铜钩井等景点以及疯狂鼠、碰碰车、赛车场等游乐设施。

位于环洲怀抱之中，有"樱洲花海"之誉。洲上樱桃如火如霞，樱花飞舞轻扬，长廊九曲回环，广场碧草如荫。游人信步于绿涛花海之中，心旷神怡，飘飘然如入仙境。然而，谁会想到历史上玄武湖曾有数次不同形式的"消失"呢？北宋王安石实行"废湖还田"，使玄武湖消失了两百多年。到了明初，玄武湖成了皇家禁地——存储全国户籍和各地赋税全书的黄册库，虽是世界档案史上的一大奇迹，但玄武湖却成了一带禁地，与世隔绝了二百六十多年。隋唐以后，玄武湖渐渐衰落，一度更名。"放春草凄凄，空余后湖月，离宫没古丘，波上叹洲瀛"。

从梁洲沿湖堤过翠桥就是翠洲。洲上建有露天音乐台、翠虹厅、原少年之家、水寨娱乐部。翠洲风光幽静，别具一格。长堤卧坡，绿带缭绕。苍松、翠柏、嫩柳、淡竹，形成"翠洲树"的特色。

中国的传统园林体系是崇尚自然的。自然界的景致，一般是有山多有水，有水多有山。因而逐步形成了中国传统园林的基本形式——山水园。山水相依，构成园林。无山也要叠石堆山，无水则要挖地取水。玄武湖的水体景观，也是按着这个传统的观念建成的。它沿用"一池三山"的理水模式，象征着人们对美好愿望理想的一种追求。一平如镜的玄武湖，湖边杨柳依依，以水的诗情画意寓意人生哲理，引发人们对悠悠历史的深思。

山基本上是静态的，而水则有动静之分，即使它只是静态的湖，也以养鱼、栽花、结合光影、气象来动化它。虽然没有万丈瀑布的壮景，但潺潺溪涧也足以把山"活化"，使它们动静结合，构成一幅完美的园景。

山可以登高望远，低头观水，产生垂直与水平的均衡美。有山就有影，水中之影扩大了玄武湖空间的景域，因而产生虚实之美。

玄武湖水体，尤其是大水面的功能是多方面的，它不仅仅是水景的观赏，如赏月、领略山光水色之美，也不仅仅是在水中取乐，如泛舟、垂钓……它还具有调节小气候、灌溉和养育树木花草（尤其水生植物）、养鱼以及在特殊情况下的消防、防震功能等，还兼有蓄水、操练水军及生产鱼藻、荷莲的功能。所以，设置园林永面，的确是美观与实用，艺术与技术相结合的一种重要的园林内容。

水景大体上分为动、静两大类，静态的水景，平静、幽深、凝重，其艺术构图常以影为主，而动态的水景则明快、活泼、多姿，多以声为主，形态也十分丰富多样，形声兼备，可以缓冲、软化城市中"凝固的建筑物"和硬质地面，以增加城市环境的生机，有益于身心健康并满足视觉艺术的需要。

玄武湖以静态水体为主，湖的形状决定了水面的大小、形状与景观。静态的水色湖光本身一平如镜，表现出的潋滟、柔媚之态使人陶醉。中间设堤、岛、桥、洲等，不论其大小、长短，目的是划分水面，增加水面的层次与景深，扩大空间感，增强水面景观，提高水上游览趣味和丰富水面的空间色彩，同时增添园林的情致与趣味。

它的水体景观设计还充分利用了水态的光影效果，构成极其丰富多彩的水景。如：

1.倒影成双

四周景物反映在水中形成倒影，使景物变一为二，上下交映，增加了景深，扩大了空间感。一座半圆洞的拱桥，变成了圆桥，起到了攻半景倍的作用。水中倒影由岸边景物生成，岸边精心布置的景物如画，影也如画，取得双倍的光影效果，虚实结合，相得益彰。倒影还把远近错落的景物组合在一张画面上，如远处的山和近处的建筑、树木组合在一起，犹如一幅秀丽的山水画。

2.借景虚幻

由于视角的不同，岸边景物与水面的距离和周围环境也不同，景物在地面上能看到的部分，在水中不一定能看到，水中能看到的部分，地面上也不一定能看到。如走到某个方位，由于树林的遮挡，山上的塔楼就几乎看不到了。但从水面却可以看到其影，这就是从水面借到了塔的虚幻之景。故倒影水景的"藏源"手法，增加了游人"只见影，不进景"的寻游乐趣。

3.优化画面

在色彩上看来不十分协调的景物，如果倒影在绿色的水中，就有了共同的基调。如碧蓝的天空，有丝丝浮云，几只戏翔的小鸟与岸边配置得当的树木花草，反映于水中，就构成了一幅十分和谐的水景画。

4.逆光剪影

岸边景物被强烈的逆光反射至水面，勾勒出景物清晰的外轮廓线，出现"剪影"，产生种"版画"的效果。

5.动静相随

风平浪静时，湖面清澈如镜，即使是阵阵微风泣会送来细细的涟漪，给湖光水色的倒影增添动感，产生一种朦胧美。若遇大风，水面掀起激波，倒影则顿时消失。而雨点又会使倒影支离破碎，则又是另一种画面。水本静，因风因雨而动，小动则朦，大动则失。这种动与静的相随出现是受天气变化的影响，它更加丰富了玄武湖的水景。

6.水里"广寒"

水中的月影，本是一种极普通而简单的水景，然而在中国传统文学及传说中，却被大大地加以美化，进而达到十分高雅、完美的境界，几乎形成了一种"水里广寒"。

（1）置石

时而池岸旁突出一块石头于水边，既护岸，又可观赏。以自然的叠石与人工驳岸相结合，岸边景观更为丰富活泼。时而在水中置石，以其旷、壮、昂增加其开阔、舒展的气氛。这些石块一般被置于池塘的一侧，既开拓了景深，又便于游人欣赏角度的选择。

（2）水边建筑及小品的设置

建筑物如亭、廊等多环绕水池而建，形成如水榭、不系舟、临水平台、水廊等，这些临水建筑物可以产生优美的倒影，扩大了玄武湖的欣赏面积，丰富了它的造型艺术。

至于跨水而过的桥和亭，则更是影响到水景的重要建筑。玄武湖的桥一般都位于洲岛交接处，位于落落大方的水面成为主景，可以在桥上停歇、赏景、观游鱼等。而亭子的位置，一般都偏于湖边一角。

植物是造园的重要因素，有了它才可以显示和保持园林的生态美，而植物的生存必须依靠水。水是植物的生命之源，植物又是水景的重要依托，只有植物那变化多姿、色彩丰富的季相变化，才能使水的美得到充分的展示。池边的枫叶，一到深秋就会染红一池秋水；飘荡的垂柳，像绿色的丝带挂落于水面；鲜花怒放、落英缤纷……明清之后，至少是到20世纪60年代初，如烟的春柳一直是玄武湖的一大盛景。老一辈著名摄影家孙振先生在他的《醉在玄武湖》一文中，曾这样描述1962年夏的后湖烟柳："堤岸两边的垂柳，像青春年华的少女，一头茂密的长长的发丝，散披在轮廓清晰的双肩上，沐浴在金黄色的霞光里。清且平的湖水，像擦净了的镜子，照映着她们的苗条身影。湖面上升起了阵阵轻柔的水气，缓慢地向堤边散延。含着柳叶清香的晨风，扑面而来，沁人肺腑。看那远处的长堤上，娉婷婀娜的垂柳，在晨雾中若隐若现。这一切，宛似神话中的仙境。"

建国后，后湖杨柳达到鼎盛。环洲四岸，全是一棵棵粗壮的垂柳，那茂密的枝条直披湖面，把夏日的翠虹堤笼罩在绿荫之中，与满湖盛开的芙蓉构成一幅绮丽的画卷。

第三章　园林构成要素与设计

园林绿地种类繁多，大至风景名胜区，小到庭院绿化，其功能效果各不相同，但都是由山水地形、建筑构筑物、园林植物等组成。它们相辅相成，共同构成园林景观，营造出丰富多彩的园林空间。

第一节　园林地形地貌和水体

一、地形地貌

园林地形地貌水体、动物植物、建筑物构造物统称园林构成三要素/地形地貌是近义词，意思是地球表面三维空间的起伏变化。

地形是指地面上高低起伏及外部形态，如长方形、圆形、梯形等和地貌。地貌是指地球自然表面高低起伏形态。如山地丘陵平地洼地等。园林地形是在园林范围内地形发生的平面高低起伏的变化，又称为小地形。微地形是在园林范围内起伏较小的地形，包括沙丘上微弱地起伏和波纹等。

（一）地形的表现形式

1.等高线表示法

（1）等高线的概念

等高线是地面高程相等的相邻点所连成的闭合曲线。如池塘和水库的边缘就是一条等高线。为了形象说明等高线的意义，假设湖泊中央有高程为100m的一个小岛恰好被水淹没，若水位下降5m，小岛顶部的一部分即可露出水面，这时，水面与岛周围地面的交线就是一条高程为95m的等高线。若水位下降5m，又得到高程为90m的等高线。水面如此继续下降，便可获得一系列等高线。这些等高线都是闭合的曲线，曲线的形状决定于小岛的形状。把这些曲线的水平投影按一定比例缩绘在图上，就是相应的等高线图。

（2）等高距和等高平距

地形图上相邻等高线之间的高差称为等高距，以h表示。等高距越小，表示的地貌越详细，但测绘的工作量也越大，而且还会减少图的清晰度。因此，应根据地形的比例尺、地面坡度情况及用图目的来选用适当的等高距。园林建设中，常用的基本等高距为0.5m、1m和2m。相邻等高线之间的水平距离称为等高平距，用d表示。在同一幅图中，等高平距越大，地面坡度越小。

（3）等高线的特性

等高性：同一条等高线上各点高程相等，但高程相等的点不一定在同一等高线上。闭合性：等高线是闭合的曲线，不在图内闭合则在图外闭合。因此描绘时，应绘至内图。廓线，不能在图内中断。非交性：除悬崖外，等高线不能相交。正交性：等高线与山脊线、山谷线成正交。山脊处等高线凸向低处，山谷处等高线凸向高处。密陡稀缓性：在同一幅图中，等高线愈密，表示地面的坡度越陡；愈稀，则坡度愈缓。

（4）等高线分类

首曲线：在地形图中，按基本等高距绘制的等高线。计曲线：从高程基准面起算，每隔4根首曲线加粗的一条等高线。计曲线上注记高程。间曲线：按等高距的1/2绘制的等高线。助曲线：按等高距的1/4绘制的等高线。示坡线：等高线上顺下坡方向绘制的短线。

2.标高点表示法

所谓标高点就是指高于或低于水平参考平面的某一特定点的高程。标高点在平面图上的标记是一个"+"字记号或一个圆点，并同时配有相应的数值。由于标高点常位于等高线之间而不在等高线之上，因而常用小数表示（如51.3、45.6等）。标高点最常用在地形改造、平面图和其他工程图上，如排水平面图和基地平面图。一般用来描绘某一地点的高度，如建筑物的墙角、顶点、低点、栅栏、台阶顶部和底部以及墙体高端等等。

标高点的确切高度，可根据该点所处的位置与任一边等高线距离的比例关系，使用"插入法"进行计算。其原理是，假定标高点位于一个均匀的斜坡上，并在两等高线之间以恒定的比例上下波动，标高点与相邻等高线在坡上和坡下之间的比例关系，就应与其在垂直高度的比例关系相同。例如，某标高点距16m等高线水平距离为4m，距17m等高线水平距离为16m，那么标高点便为该两条等高线总距离的1/5，标高点的高度也应为这两条等高线之间垂直距离的1/5，标高点就应为16.2m。

3.平面标定高程的方法

当园林面积较小时，将高程直接绘在平面图上，用高程来计算各点高差和工程量。

（二）地形的形式

1.平坦地形

园林中坡度比较平缓的用地统称为平地。平地可作为集散广场、交通广场、草地、建筑等方面的用地，以接纳和疏散人群，组织各种活动或供游人游览和休息。平地在视觉上空旷、宽阔，视线遥远，景物不被遮挡，具有强烈的视觉连续性。平坦地面能与水平造型互相协调，使其很自然的同外部环境相吻合，并与地面垂直造型形成强烈的对比，使景物突出。在使用平坦地形时要注意以下几点：

（1）为排水方便，人为的要把平地变成3%～5%的坡度使大面积平地有一定起伏。

（2）在有山水的园林中，山水交界处应有一定面积的平地，作为过渡地带，临山的一边应将渐变的坡度和山体相接，近水的一旁以平缓的坡度形成过渡带，徐徐伸入水中形成冲积平原的景观。

（3）在平地上可挖地堆山，可用植物分割、作障景等手法处理，可打破平地的单调乏味，防止一览无余。

2.凸地形

凸地形的表现形式有坡度为8%～25%的土丘、丘陵、山峦以及小山峰。

凸地形在景观中可作为焦点物或具有支配地位的要素，特别是当其被低矮的设计形状环绕时更是如此。从情感上来说，上山与下山相比较，前者更能产生对某物或某人更强的尊崇感。因此，那些教堂、寺庙、宫殿、政府大厦以及其他重要的建筑物（如纪念碑、纪念性雕塑等），常常耸立在地形的顶部，给人以严肃崇敬之感。

3.山脊

脊地总体上呈线状，与凹地形相比较，形状更紧凑、更集中。可以说是更"深化"的凸地形。与凸面地形相类似，脊地可限定户外空间边缘，调节其坡上和周围环境中的小气候。在景观中，脊地在一系列空间的位置中可被用来转换视线，或将视线引向某一特殊焦点。脊地在外部环境中的另一特点和作用是充当分隔物。脊地作为一个空间的边缘，犹如一道墙体将各个空间和谷地分隔开来，使人感到有"此处"和"彼处"之分。从排水角度而言，脊地的作用就像一个"分水岭"，降落在脊低两侧的雨水，将各自流到不同的排水区域。

4.凹地形

凹地形在景观上可被称之为碗状池地，呈现小盆地。凹地形在景观中通常作为一个空间。当其与凸地面地形相连接时，它可完善地形布局。凹面地形是景观中的基础空间，适宜于多种活动的进行。凹面地形是一个具有内向性和不受外界干扰的空间。给人一种分割感、封闭感和私密感。凹面地形还有一个潜在的功能，就是充当一个永久性的湖泊、水池，或者充当一个暴雨之后暂时用来蓄水的蓄水池。

凹地形在调节气候方面也有很重要的作用，它可躲避掠过空间上部的狂风。当阳光直接照射到其斜坡上时，受热面大，空气流动小，可使地形内的温度升高。因此，凹地形与同一地区内的其他地形相比更暖和，风沙更少，具有宜人的小气候。

5.谷地

某些凹面地形和脊地地形的特点为集水线。与凹面地形相似，谷地在景观中也是一个低地，是景观中的基础空间，适合安排多种项目和内容。但它与脊地相似，也呈线状，沿一定的方向延伸，具有一定的方向性。

（三）地形的功能和作用

1.分隔空间

地形可以通过不同的方式创造和限制空间。平坦地形仅是一种缺乏垂直限制的平面因素，视觉上缺乏空间限制。而斜坡的地面较高点则占据了垂直面的一部分。并且能够限制和封闭空间。斜坡越陡越高，户外空间感就越强烈。地形除限制空间外，它还能影响一个空间的气氛。平坦、起伏平缓的地形能给人美的享受和轻松感，而陡峭、崎岖的地形极易在一个空间中产生兴奋的感受。

地形不仅可制约一个空间的边缘，还可制约其走向。一个空间的总走向，一般都是朝向开阔视野。地形一侧为一片高地，而另一侧为一片低矮地时，空间就可形成一种朝向较低、更开阔一方，而背离高地空间走向。

2.控制视线

地形能在景观中将视线导向某一特定点，影响某一固定点的可视景物和可见范围，形成连续观赏后景观序列，或完全封闭同向不悦景物的视线。为了能在环境中使视线停留在某一特殊焦点上，我们可在视线的一侧或两侧将地形增高，在这种地形中，视线两侧的较高的地面犹如视野屏障，封锁了分散的视线，从而使视线集中到景物上。地形的另一类似功能是构成一系列赏景点，以此来观赏某一景物或空间。

3.影响旅游线路和速度

地形可被用在外部环境中，影响行人和车辆运行的方向、速度和节奏。在园林设计中，可用地形的高低变化、坡度的陡缓以及道路的宽窄、曲直变化来影响和控制游人的游览线路和速度。在平坦的土地上，人们的步伐稳健持续，无须花费什么力气。而在变化的地形上，随着地面坡度的增加或障碍物的出现，游览也就越发困难。为了上、下坡，人们就必须使出更多的力气，时间也就会延长，中途的停顿休息次数也就逐渐增多。对于步行者来说，在上、下坡时，其平衡性受到干扰，每走一步都格外小心，最终导致尽可能地减少穿越斜坡的行动。

4.改善小气候

地形可影响园林某一区域的光照、温度、风速和湿度等。从采光方面来说，朝南的坡面一年中大部分时间都保持较温暖和宜人的状态。从风的角度而言，凸面地形、脊地或土丘等，可以阻挡刮向某一场所的冬季寒风。反过来，地形也可被用来收集和引导夏季风。夏季风可以被引导穿过两高地之间形成的谷地或洼地、马鞍形的空间。

5.美学功能

地形可被当作布局和视觉要素来使用。在大多数情况下，土壤是一种可塑性物质，它能被塑造成具有各种特性、具有美学价值的悦目的实体和虚体。地形也有许多潜在的视觉特性。作为地形的土壤，我们可将其塑造成柔软、具有美感的形状，这样它便能轻易地捕捉视线，并使其穿越于景观。借助于岩石和水泥，地形便被浇筑成为具有清晰边缘和平面的规则形状结构。上述的每一种功能，都可使一个设计具有明显差异的视觉特性和视觉感。

地形不仅可被组合成各种不同的形状，而且它还能在阳光和气候的影响下产生不同的视觉效应。阳光照射某一特殊地形，并由此产生了阴影变化，一般都会产生一种赏心悦目的效果。当然，这些情形每一天、每一个季节都在发生变化。此外，降雨和降雾所产生的视觉效应也能改变地形的外貌。

（四）地形处理与设计

1.地形处理应考虑的因素

（1）考虑原有地形

自然风景类型甚多，有山岳、丘陵、草原、沙漠、江、河、湖、海等景观。在这样的地段上，主要是利用原有的地形，或只须稍加人工点缀和润色便能成为风景名胜。这就是"自成天然之趣，不烦人工之事"的道理。在考虑利用原有地形时，选址是很重要的。借用良好的自然条件能取得事半功倍的效果。

（2）根据园林分区处理地形

在园林绿地中，可开展地活动内容很多。不同的活动对地形有不同的要求。如游人集中的地方和体育活动的场所，要求地形平坦；划船游泳，需要有河流湖泊；登高眺望，需要有高地山岗；文娱活动需要许多室内外活动场地；安静休息和游览赏景则要求有山林溪流等。在园林建设中必须考虑不同分区有不同地形，而地形变化本身也能形成灵活多变的园林空间，创造出景区的园中园，比用建筑创造的空间更具有生气，更有自然野趣。

（3）要有利于园林地面排水

园林绿地每天都有大量游人，雨后绿地中不能有积水，这样才能尽快供游人活动。园林中常用自然地形的坡度进行排水。因此，在创造一定起伏的地形时，要合理安排分水和汇水线，保证地形具有较好的自然排水条件。园林中每块绿地应有一定的排水方向，可直接流入水体或是由铺装路面排入水体，排水坡度可允许有起伏，但总的排水方向应该明确。

（4）要考虑坡面的稳定性

如果地形起伏过大或坡度不大，同一坡度的坡面延伸过长时，则会引起地表径流，产生滑坡。因此，地形起伏应适度，坡长应适中。一般来说，坡度小于1%的地形易积水，地表不稳定；坡度介于1%～5%的地形排水效果较理想，适合于大多数活动内容的安排，但当同一坡面过长时，显得较为单调，易形成地表径流；坡度介于5%～10%之间的地形排水良好，而且具有起伏感；坡度大于10%的地形只能在局部小范围地加以利用。

（5）要考虑为植物栽培创造条件

城市园林用地不适合植物生长，因此，在进行园林设计时，要通过利用和改造地形，为植物的生长发育创造良好的环境条件。城市中较低凹的地形，可挖土堆山，抬高地面，以适宜多数乔灌木的生长。利用地形坡面，创造出一个相对温暖的小气候，满足喜温植物的生长等。

2.地形处理的方法

（1）巧借地形

①利用环抱的土山或人工土丘挡风，创造向阳盆地和局部的小气候，阻挡当地常年有害风雪地侵袭；

②利用起伏地形，适当加大高差至超过人的视线高度（1700mm），按"俗则屏之"原则进行"障景"；

③以土代墙，利用地形"围而不障"，以起伏连绵的土山代替景墙来"隔景"。

（2）巧改地形

建造平台园地或在坡地上修筑道路或建造房屋时，采用半挖半填式进行改造，可起到事半功倍的效果。

（3）土方的平衡与园林造景相结合

尽可能就地平衡土方，挖池与堆山相结合，开湖与造堤相配合，使土方就近平衡，相得益彰。

（4）安排与地形风向有关的旅游服务设施等有特殊要求的用地，如风帆码头，烧烤场等。

3.地形设计的表示方法

（1）设计等高线法。用设计等高线进行设计时，经常要用到两个公式，一是用插入法求两个相邻等高线之间的任意点高程的公式（见标高点表示法部分）；其二是坡度公式：$i=h/L$，式中：i—坡度（%）；h—高差（m）L—水平间距（m）；设计等高线法在设计中可以用于表示坡度的陡缓（通过等高线的疏密）、平垫沟谷（用平直的设计等高线和拟平垫部分的同值等高线连接）、平整场地等。

（2）方格网法

根据地形变化程度与要求的地形，精密确定图中网格的方格尺寸，一般间距为5—100m。然后进行网格角点的标高计算，并用插入法求得整数高程值，连结同名等高线点，即成"方格网等高线"地形图。

（3）透明法

为了使地形图突出和简洁，重点表达建筑地物，避免被树木覆盖而造成喧宾夺主，可将图上树木简化成用树冠外缘轮廓线表示，其中央用小圆圈标出树干位置即可。这样在图面上可透过树冠浓荫将建筑、小品、水面、山石等地物表现得一清二楚，以满足图纸设计要求。

（4）避让法

即在地形图上遮住地物的树冠乃至被树荫覆盖的建筑小品、山石水面等，一律让树冠避让开去，以便清晰完整地展现地物和建筑涉小品等。缺点是树冠为避让而失去其完整性，不及透明法表现得剔透完整。

其他还有立面图和剖面图法、轮廓线法、轴测斜投影法等，这里不再详述。

二、水体

水是园林的重要组成因素。不论是西方的古典规则式园林，还是中国的自然山水园林；不论是北方的皇家园林，还是小巧别致的江南私家园林，凡有条件者，都要引水入园，创造园林水景，甚至建造以水为主体的水景园。

（一）园林水体的功能作用

1.园林水体具有调节空气湿度和温度的作用，又可溶解空气中的有害气体，净化空气。

2.大多数园林中的水体具有蓄存园内的自然排水的作用，有的还具有对外灌溉农田的作用，有的又是城市水系的组成部分。

3.园林中的大型水面，是进行水上活动的地方，除供游人划船游览外，还可作为水上运动和比赛的场所。

4.园林的水面又是水生植物的生长地域，可增加绿化面积，美化园林景色，又可结合生产进行睡眠养鱼和滑冰。

（二）园林水体的景观特点

1.有动有静

宋代画家郭熙在《林泉高致》中指出："水，活物也，其形欲深静，欲柔滑，欲汪洋，欲回环，欲肥赋，欲喷薄……"描绘出了水的动与静的情态。水平如镜的水面，给人以平静、安逸、清澈的环境和情感。飞流直下的瀑布与翻滚的激流又具有强烈动势。

2.有声有色

瀑布的轰鸣，溪水的潺潺，泉水的叮咚，这些模拟自然的声响给人以不同的听觉感受，构成园林的空间特色。水的自然色彩前面已讲过，如果将水景与人工灯光配合，也会产生当前所盛行的彩色喷泉效果。

3.水体有扩大空间景观的特点

人们总以"湖光山影"形容自然景色。水边的山体、桥石、建筑等均可在水中形成倒影，另有一层天地。正如古诗云："溪边照影行，天在清溪底；天上有行云，人在行云里。""天欲雪，云满湖，楼台明灭，山有无。"很多私家园林为克服小面积的园地给视觉带来的阻塞，常采用较大集中的水面，于建筑周边布局，用水面扩大视域感。如：苏州的网师园中的水面，如果改成一片草坪，其效果将有很大差异。

（三）园林水体的表现形式

园林水体布局可分为集中与分散两种基本形式。多数是集中与分散相结合，纯集中或分散的占少数。小型绿地游园和庭院中的水景设施如果很小，集中与分散的对比关系很弱，不宜用模式定性。

1.集中形式：又可分为两种集中形式

（1）整个园以水面为中心，沿水周围环列建筑和山地，形成一种向心、内聚的格局。这种布局形式，可使有限的小空间具有开朗的效果，使大面积的园林具有"纳千顷之汪洋，收四时之烂漫"的气氛。如：颐和园中的谐趣园，水面居中，周围建筑以回廊相连，外层又用岗阜环抱。虽是面积不大的园中园，却感到空间的开朗。

（2）水平集中于园的一侧，形成山环水绕或山水各半的格局。如：颐和园，万寿山位于北面，昆明湖集中在山的南面，中间的苏州河，在万寿山北山脚环抱，通过谐趣园的水面与昆明湖的大水面相通。

2.分散形式

将水面分割并分散成若干小块和条状，彼此明通或暗通，形成各自独立的小空间，各个空间之间进行实隔或虚隔的处理。也可用具有曲折、开合与明暗变化的带状溪流或小河相通，形成水陆迂回、岛屿间列、小桥凌波的水乡景象。如：颐和园的苏州河，陶然亭百亭园中的溪流、瀑布。在同一园中既有集中又有分散的水面可以形成强烈的对比，更具自然野趣。如：《园冶》的相地篇所述："江干湖畔，深柳疏芦之际略成小筑，足征大观也。悠悠烟水，澹澹云山，泛泛渔舟，闲闲鸥鸟……"。在规则式园林中，分散的水景主要表现在喷泉、水池、壁泉、跌水等形式上。

至于水体形状的表现，不论是集中的水面还是分散的水面，均依园林的规则和自然式的风格而定.规则式园林，水体多为几何形状，水岸为垂直砌筑的驳岸。自然式园林，水体形状多呈自然曲线，水岸也多为自然驳岸，但也有时在自然式园林中，不论是集中的大水面，还是分散的小水面，也有大多采用或部分采用垂直砌筑的规则式驳岸的，甚至有些分散的水面在某些自然式空间中采用集合的形状，如：颐和园中的杨仁风庭院水池，一半是方形的，另一半是假山石砌筑而成的自然式的形状。

（四）园林水体的类型和名称

1.规则式园林的水体类型名称

规则式园林主要有河（运河式）、水池、喷泉、涌泉、壁泉、规则式瀑布和跌水。

2.自然式园林水体的类型名称

河、湖（海）、溪、涧、泉、瀑布、井及自然式水池。

（五）园林水体景观的建筑和筑物

园林中集中形式的水面也要用分隔与联系的手法，为增加其空间层次而在开敞的水面空间造景。其主要形式有：岛、堤、桥、汀步、建筑和植物。

1.岛

岛在园林中可以划分水面的空间，可使水面形成几种情趣的水域，水面仍有连续的整体性，尤其在较大的水面上，岛可以打破水面平淡的单调感。岛居于水中，呈块状陆地，四周有开敞的视觉环境，是欣赏风景的中心点，同时又是被四周所观望的视觉焦点，故可在岛上与岸边建立对景。由于岛位于水中增加了水中空间的层次感，所以又具有碍景的作用。通过桥或水陆进岛，又增加了游览情趣。

2.岛的类型

（1）山岛：即在岛上设山，抬高登高的视点，有以土为主的土山岛和以石为主的石山岛，土山因土壤的稳定坡度而受限制，不易过高，而且山势较缓，但可大量种植树木，丰富山体和色彩；石山可以创造悬崖及陡峭的山势，如不是天然山势，只靠人工掇筑，则只宜小巧，故仍以土石想结合的山最为理想。山岛上可设建筑，形成垂直构图中心或主景，如北海琼华岛。

（2）平岛：岛上不堆山，以高出水面的平地为标准，地形可有缓坡的起伏变化，因有较大的活动平地适于安排群众性活动，故可将一些游人参与人数集中、又需加强管理的活动内容安排在岛上，如露天舞池、文艺演出等，只须把住入口的桥头即可。如不设桥的平岛，不宜安排过多的游人活动内容。如在平岛上建造园林建筑景观，最好在二层以上。

（3）半岛：半岛是陆地深入水中的一部分，一面接陆地，三面临水，半岛端点可适当抬高成石矶，底下有部分平地临水，可上下眺望，又有竖向的层次感，也可在临水的平地上建廊，榭探入水中，使岛上道路与陆上道路相连。

（4）礁：是水中散置的点石，石体要求玲珑奇巧或状态特异，作为水中的孤石欣赏，不许游认登上去。在小水面中可代替岛的艺术效果。

3.岛的布局：水中设岛忌居中与整形。一般多设于水的一侧或重心处。大型水面可设1~3个大小不同、形态各异的岛屿，不宜过多，岛屿的分布须自然疏密，与全园景观的障、借结合。岛的面积要视所在水面的面积而定，宁小勿大。

4.堤

是将大型水面分隔成不同景色的带状陆地，它在园林中不多见，比较著名的如杭州的苏堤、白堤，北京颐和园的西堤等。堤上设道，道中间可设桥与涵洞，沟通两侧水面；如果堤长，可多设桥，每个桥的大小、形式应有变化。堤的设置不宜居中，须靠水面的一侧，使水面分隔成大小不等，形状有别的两个主与次的水面，堤多为直堤，少用曲堤。也有结合拦水堤设过水面（过水坝）的，这种情况有跌水景观，堤上必须栽树，可以加强分隔效果，如北京颐和园西堤以杨、柳为主，玉带桥以浓郁的树林为背景，更衬出桥身的洁白。湖边植物一般应植于最高水位以上，耐湿树种可种在常水位以上，并注意开辟风景透视线。堤身不宜过高，使游人可以接近水面。堤上还可设置亭、廊、花架及坐椅等休息设施。

此外，水中还可设桥和汀步，使水面隔而不断。

第二节 园林植物种植设计

植物是构成园林景观的主要素材，有了植物，城市规划艺术和建筑艺术才能得到充分表现。有乔木、灌木、藤木和草本等植物所创造的景观空间，无论在空间、时间及色彩变化所带给景观上的变化都是极为丰富和无与伦比的。它既可充分发挥植物本身形体的曲线和色彩的自然美，又可以在人民欣赏自然美的同时提供和产生有益于人类生存和生活的生态效应。所以从城镇生态平衡和美化环境角度来看，园林植物是园林物质要素中最主要的。

一、花坛的种植设计

（一）造景特征

花坛是指在具有一定几何形轮廓的植床内，种植各种不同色彩的观赏植物，以构成华丽色彩或精美图案的一种花卉种植类型。花坛主要是通过色彩或图案来表现植物的群体美，而不是植株的个体美。花坛具有装饰特性，在园林造景中，常作为主景或配景。

（二）主要类型

1.根据表现主题不同来分

（1）花丛花坛又称盛花花坛，以花卉群体色彩美为表现主题，多选择开花繁茂、色彩鲜艳、花期一致的一二年生草木花卉或球根花丼，含苞欲放时带土或倒盆栽植；

（2）模纹花坛又称图案式花坛，常采用不同色彩的观叶植物或花叶兼美的观赏植物，配置成各种精美的图案纹样，以突出表现花坛群体的图案美。又依表现主题思想不同可分为纯装饰性模纹花坛和标题式模纹花坛。标题式花坛，如文字花坛、肖像花坛、图徽花坛、日历花坛、时钟花坛等；

（3）混合花坛：是花丛花坛与模纹花坛的混合形式，兼有华丽的色彩和精美的图案。

2.根据规划方式不同来分

（1）独立花坛

常作为园林局部构图的一个主体而独立存在，具有一定的几何形轮廓。其平面外形总是对称的几何图形，或轴线对称，或辐射对称；其长短轴之比应小于3；其面积不宜太大，中间不设园路，游人不得入内。多布置在建筑广场的中心、公园出入口的空旷处、道路交叉口等地。

（2）组群花坛

是由多个个体花坛组成的一个不可分割的构图整体。个体花坛之间为草坪或铺装场地，允许游人入内游憩。整体构图也是对称布局的，但构成组群花坛的个体花坛不一定是对称的。其构图中心可以是独立花坛，还可以是其他园林景观小品，如水池、喷泉、雕塑等。常布置在较大面积的建筑广场中心，大型公共建筑前面或规则式园林的构图中心。

（3）带状坛

是指长度为宽度3倍以上的长形花坛。在连续的园林景观构图中，常作为主体来布置，也可作为观赏花坛的镶边，道路两侧建筑物墙体的装饰等。

（4）立体花坛

随着现代生活环境的改变及人们审美要求的提高，景观设计及欣赏要求逐渐向多层次、主体化方向发展，花坛除在平面表现其色彩、图案美之外，同时还在其立面造型、空间组合上有所变化，即采用立体组合形式，从而拓宽了花坛观赏的角度和范围，丰富了园林景观。

（三）花坛设计要点

1.植物选择

（1）花丛花坛主要表现色彩美，多选择花期一致、花期较长、花大色艳、开花繁茂、花序高矮一致或呈水平分布的一二年生草本花卉或球根花坛。如金盏菊、一串红、郁金香、金鱼草、鸡冠花等。一般不用观叶或木本植物。

（2）模纹花坛以表现图案美为主，要求图案纹样相对稳定，维持较长的观赏期，植物选择多采用植株低矮、枝叶茂密、萌发性强、耐修剪的观叶植物，如瓜子黄杨、金叶女贞等；也可选择花期较长、花期一致、花小而密、花叶兼美的观花植物，如四季海棠、石莲花等。

2.平面布置

（1）花坛平面外形轮廓总体上应与广场、草坪等周围环境的平面构图相协调，但在局部处理上要有所变化，使艺术构图在统一中求变化，在变化中求统一；

（2）作为主景的花坛要有丰富的景观效果，可以是华丽的图案花坛或花丛花坛，但不宜为草坪。作为配置的花坛，如雕塑基座或喷水池周围的花坛，其纹样应简洁，色彩宜素雅，以衬托为主景为原则，不可喧宾夺主；

（3）花坛面积与环境应保持适度的比例关系，以1/3～1/15为宜。一般作为观赏用的草坪花坛面积比例可稍大一些，华丽的花坛比简洁的花坛面积比例可稍小些。在行人集散量或交通量较大的广场上，花坛面积比例可以更小一些。

3.个体设计

（1）花坛内部图案纹样，花丛花坛宜简洁，模纹花坛可丰富；纹样线条的宽度不能太细，一般在10cm以上；

（2）个体花坛面积不宜过大，大则鉴赏不清且宜产生变形。一般模纹花坛直径或短轴以8～10m为宜，花丛花坛直径或短轴可达15～20m；

（3）种植床的要求，为突出花坛主体及其轮廓变化，可将花坛植床适当抬高，高出地面7～10m为宜；为利用观赏和排水，常将花坛中央隆起，成为向四周倾斜的和缓曲面，形成一定的坡度；植床土层厚度视植物种类而异，植物1～2年生花卉至少要20～30cm，多年生花卉或灌木至少要40～50cm；为使花坛有一个清晰的轮廓和防止水土流失，植床边缘常用缘石围护。围护材料可用砖、卵石、混凝土、树桩等，缘石高度和宽度可控制在10～30cm，造型宜简洁，色彩应淡雅。

二、花境

（一）造景特性

花境是在长形带状具有规则轮廓的种植床内采用自然式种植方式配置观赏植物的一种花卉种植类型。花境平面外形轮廓与带状花坛相似，其种植床两边是平行直线或几何曲线，而花境内部的植物配置则完全采用自然式种植方式，兼有规划式和自然式布局的特点，是园林构图中从规划式向自然式过渡的半自然式（混合式）的种植形式。它主要表现观赏植物本身特有的自然美，以及观赏植物自然组合的群体美。在园林造景中，既可作主景，也可为配景。

（二）主要类型

1.依植物材料不同来划分

（1）灌木花境：主要由观花、观果或观叶灌木构成，如月季、南开竹等组成的花境。

（2）宿根花卉花境：由当地可以露地越冬、适应性较强的耐寒多年生宿根花卉构成。如鸢尾、芍药、玉簪、萱草等。

（3）球根花丼花镜：由球根花卉组成的花境。如百合、石蒜、水仙、唐菖蒲等。

（4）专类植物花境：由一类或一种植物组成的花境。如蕨类植物花境、芍药花境、蔷薇花境等；此类花境在植物变种或品种上要有差异，以求变化。

（5）混合花境：主要指由灌木和宿根花卉混合构成的花境，在园林中应用较为普通。

2.依规则设计方式不同来划分。

（1）单面观赏花境：植物配置形成一个斜面，低矮植物在前，高的在后，建筑或绿篱作为背景，仅供游人单面观赏。

（2）双面观赏花坛：植物配置为中间较高，两边较低，可供游人从两面观赏，故花境无需背景。

（三）布设位置

1.建筑物和道路之间。作为基础栽植，为单面观赏花境。

2.道路中央或两侧。在道路中央为两面观赏花境，两侧可为单面观赏花境，背景为绿篱或行道树、建筑物等。

3.与绿篱配合。在规则式园林中，常应用修剪整形的绿篱，在绿篱前方布置花境最为宜人，花境可装饰绿篱单调的基部，绿篱也可作为花境的背景，二者相映成趣，相得益彰。可在花境前设置园路，供游人驻足欣赏。

4.与花架游廊配合。花境是连续的景观构图，可满足游人动态观赏的要求。沿着花架、游廊的两旁布置花境，可使游人在游憩过程中有景近赏。

5.与围墙、挡土墙配合。在围墙、挡土墙前面布置单面观赏花境，丰富围墙、挡土墙立面景观。

（四）植物配置

1.植物选择

常采用花期较长、花叶兼美、花朵花序呈垂直分布的耐寒多年生花卉和灌木。如玉簪、鸢尾、蜀葵、宿根飞燕草等。

2.配置方式

花境内部观赏植物以自然式花丛为基本单元进行配置，形成主调、基调、配调明确的连续演进的园林景观。

（五）镶边植物

花境观赏面种植床的边缘通常要用植物进行镶边，镶边植物可以.是多年生草本，也可以是常绿矮灌木，但要求四季常绿或经常美化。如葱兰、金叶女贞、瓜子黄杨等。镶边植物高度一般草本花境不超过15~20cm，灌木花境不超过30~40cm。若用草皮镶边其宽度应大于40cm，花境镶边的矮灌要经常修剪。

（六）花镶背景

两面观赏花境不需要背景，单面观赏花则需要设置背景，或为装饰性围墙或为常绿绿篱等。

（七）种植床要求

花境种植床外缘通常与道路或草地相平，中央高出7～10cm，以保持一定的排水坡度；由于花境内种植的观赏植物以多年生花卉和灌木为主，故其种植床的上层厚度应为40～50cm，并要注意改良土壤的理化性质，在土壤内加入腐熟的堆肥、泥炭土和腐叶土等；花境植床宽度，单面观赏一般3～5m，双面观赏花境可为4～8m。

三、绿篱或绿墙

绿篱是耐修剪的灌木或小乔木，以相等距离的株行距，单行或双行排列而成的规则绿带，属于密植行列栽植的类型之一。它在园林绿地中的应用广泛，形式也较多。绿篱按修剪方式可分为规则式及自然式两种；从观赏和实用价值来讲，又可分为常绿篱、落叶篱、彩叶篱、花篱、观果篱、编篱、蔓绿篱等多种。

（一）绿篱的作用和功能

1.作为防范和防护的工具

在园林绿地中，常以绿篱作为防范的边界，不让人们任意通行。用绿篱可以组织游人的游览路线，起引导作用。绿篱还可以单独作为机关、学校、医院、宿舍、居民区等单位的围墙，也可以和砖墙、竹篱、栅栏、铁刺丝等结合起来形成围墙。这种绿篱高度一般在120cm以上。

2.作为园林绿地的边饰和美化材料

园林小区，常需要分割成很多几何图形或不规则形的小块以便观赏，这种观赏局部多以矮小的绿篱各自相围。有时花境、花坛和观赏性草坪的周围也需用矮小绿篱相围，称为"镶边"。适于作装饰的矮篱有雀舌黄杨、大叶黄杨、桧柏、金老梅、洒金柏等生长缓慢的植物，它们可突出图案的效果。

3.作为屏障和组织空间层次用

在各类绿地及绿化地带中，通常习惯于应用高绿篱作为屏障来分割空间层次，或用它分割不同功能的绿地，如公园的游乐场地周围、学校教学楼、图书馆和球场之间、工厂的生产区和生活区之间、医院病房区周围等都可配置高绿窝，来阻隔视线、隔绝噪音、减少区域之间的相互干扰。

4.可作为园林景观背景

园林中常用常绿树修剪成各种形式的绿墙，作为花境、喷泉、雕像的背景。作为花境的背景可以将百花衬托得更加艳丽。喷泉或雕像如果有相应的绿篱作背景，则将白色的水柱或浅色的雕像衬托得更加鲜明、生动。

（二）绿篱的类型与植物选择

1.按绿篱高度分

（1）绿墙

高度在160cm以上，有的在绿墙中可修剪形出绿洞门。

（2）高绿篱

高度在120～160cm之间，人的视线可以通过，但不能跳越。

（3）中绿篱

高度为50～120cm。

（4）矮绿篱

高度在50cm以下，人们能够跨越。

2.根据功能要求和观赏要求分

（1）常绿篱

常绿篱一般由灌木或小乔木组成，是园林绿地中应用最多的绿篱形式。该绿篱一般常修剪成规则式。常采用的树种有桧柏、侧柏、大叶黄杨、瓜子黄杨、女贞、珊瑚、冬青、蚊母、小叶女贞、小叶黄杨、胡颓子、月桂、海桐等。

（2）花篱

花篱是由枝密花多的花灌木组成的，通常任其自然生长为不规则形式，至多修剪其徒长的枝条。花篱是园林绿地中比较精美的绿篱形式，一般多用于重点绿化地带，其中常绿芳香花灌木树种有桂花、栀子花等。常绿及半常绿花灌木树种有六月雪、金丝桃、迎春、黄馨等。落叶花灌木树种有溲疏、锦带花、木槿、紫荆、郁李、珍珠花、麻叶绣球、镲钱菊、金老梅等。

（3）观果篱

通常由观果色彩鲜艳的灌木组成。一般在秋季果实成熟时，景其观别具一格。观果篱常用树种有枸杞、火棘、紫珠、忍冬、胡颓子以及花椒等。观果篱在园林绿地中应用还较少，一般在重点绿化地带才会采用，在养护管理上通常不做大的修剪，至多剪除其过长的徒长枝，如修剪过重，则会导致结果率降低，影响其观果效果。

（4）编篱

编篱通常由枝条韧性较大的灌木组成，是在这些植物的枝条幼嫩时编结成一定的网状或格栅状的形式。编篱既可编制成规则式，亦可编成自然式。常用的树种有木槿、枸杞、杞柳、紫穗槐等。

（5）刺篱

由带刺的树种组成。常见的树种有枸桔、山花椒、黄刺梅、胡颓子、山皂荚、雪里红等。

（6）落叶篱

由一般的落叶树种组成。常见的树种有榆树、雪柳、水蜡树、茶条槭等。

（7）蔓篱

用攀缘植物组成，需事先设置可供攀附的竹篱、木栅等。主要植物可选用地棉、蛇葡萄、南蛇藤、十姊妹蔷薇，还可选用草本植物鸟箩、牵牛花、丝瓜等。

（三）绿篱的栽培和养护

绿篱的栽植时间一般在春季。栽植的密度按其使用功能、不同树种、苗木规格和栽植地带的宽度而定。矮篱和一般绿篱的株距可为30~50cm。行距为40~60cm，双行栽植时可用三角形交叉排列的方式。绿墙的株距可采用1~1.5m。

绿篱栽植时，先按设计的位置放线，绿篱中心线距道路的距离应等于绿篱长成后宽度的一半。绿篱栽植一般用沟植法。即按行距的宽度开沟，沟深应比苗根深30~40cm，以便换土施肥，栽植后即可灌水，次日扶正踩实，并保留一定高度将上部剪去。

绿篱的日常养护主要是修剪。在北方，通常每年早春和夏季各修剪一次，以促使发枝密集和维持一定形状。绿篱可修剪的形状有很多。如有的绿篱修剪成"城堡式"，在入口处剪成门柱形或门洞形等。

四、攀缘植物

（一）攀缘植物的生物学特性

攀缘植物是茎干柔弱纤细，自己不能直立向上生长，须以某种特殊方式攀附于其他植物或物体之上来伸展其躯干，以利于吸收充足的雨露阳光，正常生长的一类植物。正是由于攀缘植物的这一特殊的生物学习性，才使攀缘植物成为园林绿化中进行垂直绿化的特殊材料。攀缘植物与其他植物一样，有一二年生的草质藤本，也有多年生的木质藤本；有落叶类型。也有常绿类型。按照攀缘方式的不同可分为自身缠绕、依附攀缘和复式攀缘三大类。自身缠绕的攀缘植物不具有特化的攀缘器官，而是依靠自己的主茎缠绕着其他植物或物体向上生长。依附攀缘植物则具有明显特化的攀缘器官，如吸盘、吸附根、倒钩刺、卷须等，它们利用这些缘器官把自身固定在支持物上而向上方和侧方生长。复式攀缘植物是兼具几种攀缘能力来实现攀缘生长的植物。所以在园林植物种植设计时，配置攀缘植物应充分考虑到各种植物的生物学特性和观赏特性。

（二）攀缘植物在园林绿地中的作用

攀缘植物种植又称垂直绿化的种植。这些藤本植物可形成丰富的立体景观。垂直绿化能充分利用土地和空间，并能在短期内达到绿化的效果。人们用它来解决城市和某些绿地由于建筑拥挤，地段狭窄而无法采用乔灌木绿化的困难。垂直绿化可使植物紧靠建筑物，既丰富了建筑的立面，活跃了气氛，同时在遮荫、降温、防尘、隔离等功能方面效果也很显著。在城市绿化和园林建设中，广泛地应用攀缘植物来装饰街道、林荫道、以及挡土墙、围墙、台阶、出入口、灯柱、建筑物墙面、阳台、窗台灯等，用攀缘植物装饰亭子、花架、游廊、高大古老死树等。

（三）攀缘植物的种植设计

园林里常用的攀缘植物有紫藤、常春藤、五叶地锦、三叶地锦、葡萄、猕猴桃、南蛇藤、凌霄、木香、葛藤、五味子、铁线连、鸟萝、括楼、丝瓜、观赏南瓜、观赏菜豆等。它们的生物学特性和观赏特性各有不同。在具体种植时，要从各种攀缘植物的生物学特性出发，因地制宜，合理选用攀缘植物，同时，也要注意与环境相协调。

1.墙壁的装饰

用攀缘植物垂直绿化建筑和墙壁时一般有两种情况，把攀缘植物作为主要欣赏对象，给平淡的墙壁披上绿毯或花毯；另一种是把攀缘植物作为配景来突出建筑物的精细部位。在种植时，要建立攀缘植物的支架，这是垂直绿化成败的主要因素。对于墙面粗糙或有粗大石缝的墙面、建筑，一般可选用有卷须、吸盘、气行根等天然附墙器官的植物，如常春藤、爬山虎、络石等。对于那些墙面光滑或个别露天部分，可用木块、竹竿、板条建造网架安置在建筑物墙上，以利于攀缘植物生长，有的也可牵上引绳供轻型的一二年生植物生长。

2.窗、阳台的装饰品

装饰较高的门窗、阳台时最适合用攀缘植物进行垂直绿化。门窗、阳台前是泥池，则可利用支架绳索把攀缘植物引到门窗或阳台所要求到达的高度，如门窗、阳台前是水泥池，则可预制种植箱，为确保其牢固性及冬季光照需要，一般种植一二年生落的攀缘植物。

3.灯柱、棚架、花架等装饰

在园林绿地中，往往利用攀缘植物来美饰灯柱，可使对比强烈的垂直线条与水平线条得到调和。一般灯柱直接建立在草坪和泥地上，可以在附近直接栽种攀缘植物，在灯柱附近拉上引绳或支架，以引导植物枝叶来美饰灯柱基部。如灯柱建立在水泥地上，则可预制种植箱以种植攀缘植物。棚架和花架是园林绿地中较多采用的垂直绿地，常用木材、竹材、钢材、水泥柱等构成单边或双边花架、花廊，采用一种或多种攀缘植物成排种植的形式。采用的植物种类有：葡萄、凌霄、木香、紫藤、常春藤等。

五、色块和色带

园林色彩大多数来自于植物的配置，而色彩又是最能引起视觉美感的因素。就园林植物的色彩而言，植物的色彩是十分丰富的。因此，园林植物的色彩配置是园林植物设计所不能忽视的。前面已经讲过园林色彩的布局，故在此不再谈色彩问题，仅谈色彩的面积与体量。

绿地中的色彩是由各种大小色块拼凑在一起的，如蓝色的天空、一丛丛的树林、艳丽的花坛、微波粼粼的水面、裸露的岩石……。无论色块大小，都各有其艺术效果，但是为了体现色彩构图之美，就必须对色块的效果有所了解，才能使园林构图效果达到最佳。

（一）色块的体量

色块的大小可以直接影响整个园林的对比和协调，对全园的情趣起到决定性作用。在园林景观中，同一色相的色块大小不同，给人的感觉和效果也不同。一般在植物种植设计时，明色、弱色、精度低的植物色块宜大，反之，暗色、强色、精度高的色块宜小，让人感到适宜而不刺眼。

（二）色块的浓淡

一般面积不大的色块宜用淡色，如草坪、水面等都是淡色，小面积的色块宜用浓艳一些的颜色，它们相配在一起具有画龙点睛的作用。互成对比的色块宜于近观，有加重景色的效果，若远眺则效果减弱。属于暖色系的色彩通常比较抢眼，宜旁配以冷色系的色彩，由于比较不起眼，必须大面积的种植才能使其处于相对称的形势，给人以平衡的感觉。所以路边的花坛的行道树，内容常相同，以维持色块感觉的平衡，而草坪、水面旁的花境常附以艳丽的花草，使人惊艳，布置出动人的景致。

（三）色块的排列与集散

色块的排列决定了园林的形式，例如模纹花坛的各色团块，整形修剪的绿篱，整形的绿色草坪、水池、花坛等大大小小的整齐色彩排列，都显示出不同的景致。从美学的角度出发，渐变的色块排列，使色彩在对比反复的韵律美中形成多样统一的整体和谐。另外，色块的集中与分散也是表现色彩效果的重要手段之一。一般集中效果加重，分散则明显减弱，如花坛的单种集栽与花境中的多样散植，在景观效果上都迥然不同。当然，色块的大小、浓淡、排列、集散等在植物种植设计中，应首先考虑遵循植物配色理论、人们习惯和美学原理，这样才能使植物设计美不胜收。

六、植物种植

在整个园林植物中，乔、灌木是骨干材料，在城市的绿化中起骨架支柱作用。乔、灌木具有较长的寿命、独特的观赏价值、经济生产作用和卫生防护功能。又由于乔、灌木的种类多样，既可单独栽植，又可与其他材料配合组成丰富多变的园林景色。因此，在园林绿地中所占比重较大，一般占整个种植面积的半数左右，其余半数则是草坪及地被植物，故在种植类型上必须重点考虑。园林植物乔、灌木的种植类型通常有以下几种：

（一）孤植

1.孤植树在园林造景中的作用

园林中的优型树，单独栽植时称为孤植。孤植的树木，称之为孤植树。广义地说，孤植树并不等于只种1株树。有时为了构图需要，增强繁茂、茏葱、雄伟的感觉，常用2株或3株同一品种的树木紧密地种于一处，形成一个单元，让人们的感觉宛如一株多杆丛生的大树。这样的树被称为孤植树。

孤植树的主要功能是遮荫并作为观赏的主景，以及建筑物的背景和侧景。

2.作为孤植树应具备的条件

孤植树主要表现树木的个体美，在选择树种时必须突出个体美，例如体形特别巨大、轮廓富于变化、姿态优美、花繁实累、色彩鲜明、具有浓郁的芳香等。如轮廓端正明晰的雪松，姿态丰富的罗汉松、五针松，树干有观赏价值的白皮松、梧桐，花大而美的白玉兰、广玉兰，以及叶色有特殊观赏价值的元宝槭、鸡爪槭等。选择的孤植树还应具备生长旺盛、寿命长、虫害少、适应当地生存条件的特点。

3.孤植树的位置选择

孤植树种植的位置要求比较开阔,不仅要保证树冠有足够的生长空间,而且要有比较适合观赏的视距和观赏点。尽可能用天空、水面、草坪、树林等色彩单纯而又有一定对比变化的背景加以衬托,以突出孤植树在树体、姿态、色彩方面的特色,并丰富风景天际线的变化。一般在园林中的空地、岛、半岛、岸边、桥头、转弯处、山坡的突出部位、休息广场、树林空地等都可考虑种植孤植树。

孤植树在园林构图中,并不是孤立的,它与周围的景物统一于园林的整体构图中。孤植树在数量上是少数的,但如运用得当,能起到画龙点睛的效果。它可作为周围景观的配景,周围景观也可以作为它的配景,是景观的焦点。孤植树也可作为园林中从密林、树群、树丛过渡到另一个密林的过渡景。

4.孤植树的树种选择

宜于作为孤植树的树种有雪松、金钱松、马尾松、白皮松、垂枝松、香樟、黄樟、悬铃木、榉树、麻栎、杨树、皂荚、重阳木、乌桕、广玉兰、桂花、七叶树、银杏、紫薇、垂丝海棠、缨花、红叶李、石榴、苦楝、罗汉松、白玉兰、碧桃、鹅掌楸、辛夷、青铜、桑树、白杨、丝绵木、杜仲、朴树、榔榆、香椿、腊梅等。

(二)对植

1.对植的作用

对植树一般是指两株树或两丛树,按照一定的轴线关系左右对称或均衡的种植方法,主要用于公园、建筑前、道路、广场的出入口处,起遮荫和装饰美化的作用。在构图上形成配景或夹景,起陪衬和烘托主景的作用。

2.对植的方法和要求

规则式对称一般采用同一树种、同一规格,按照全体景物的中轴线成对称配置。一般多运用于建筑较多的园林绿地。自然式对称是采用2株不同的树木(树丛),在体形、大小上均有差异,不是在对称等距处种植,而是以主体景物的中轴线为支点取得均衡的位置种植,以表现树木自然的变化。规格大的树木距轴线近，规格较小的树木距轴线远，树枝动势向轴线集中。自然式对称变化较大，形成景观比较生动活泼。

对植物的选择不太严格，无论是乔木、灌木，只要树形整齐美观均可采用，根据需要，植物附近还可配置山石花草。对植的树木在体形大小、高矮、姿态、色彩等方面应与主景和环境协调一致。

（三）丛植

树丛的组织通常是由2株乃至9～10株乔木构成的。树丛中如加入灌木时，可多达15株左右。将树木成群地种植在一起，即称之为丛植。

树丛的组合，主要考虑群体美，彼此之间既有统一的联系，又有各自的变化，分别主次配置、地位相互衬托。但也必须考虑其统一构图中所表现出单株的个体美。故在构思时，须先选择单株。选择单株树的条件与选孤植树的条件相类同。

丛植在园林功能和布置要求上，与孤植树相似，但观赏效果则较孤植树更为突出。作为纯观赏或诱导树丛，可用两种以上乔木进行搭配，或乔木、灌木混合配置，有时亦可与山石、花卉相结合。作为庇荫的树丛，宜用品种相同、树冠开展的高大乔木，一般不与灌木相配，但树下可放置自然形成的景石或座椅，以供休息。通常园路不宜穿过树丛，以免破坏树丛的整体性。树丛的标高要超出四周的草坪或道路，这样既有利于排水，又可以在构图上显得更为突出。

作为主景用的树丛常布置在公园入口或主要道路的交叉口处，弯道的凹凸部分，草坪上或草坪周围，水边，斜坡及土岗边缘等，以形成美丽的立面景观和水景画面。在人视线集中的地方，也可利用具有特殊观赏效果的树丛作为局部构图的全景。在弯道和交叉口处的树丛，又可作为自然屏障，起到十分重要的障景和引导作用。

作为建筑、雕塑的配景或背景树丛，在一些大型的建筑旁布置孤植树或对植时，常显得不协调，或不足于衬托建筑物的气氛，这时常用树丛作为背景。为了突出雕塑、纪念碑等景物的效果，常用树丛作为背景和陪衬，形成雄伟壮丽的画面。但在植物的选择上应该注意树丛在体形、色彩与主体景物的对比、协调。

对于比较狭长而空旷的空间或水面，为了增加景深和层次，可利用树丛作为适当的分隔，消除景观单调的缺陷，增加空间的层次，如视线前方有景物可观，可将树丛分布在视线两旁或前方形成夹景、框景、漏景。

1.两株配合

构图按矛盾统一原理，两树相配，必须既调和又对比使二者成为对立统一体。故两树首先须有同相即采用同一树种（或外形十分相似的不同树种）才能使两者同一起来；但又须有殊相，即在姿态和体形大小上，两树有差异才能有对比，进而更显生动活泼，明代画家龚贤说："二株一丛，必须一俯一仰，一倚一直，一向左，一向右。"画树是如此，园林里树林的布置也是如此。在此必须指出：两株树的距离应小于小树树冠的直径长度，否则，便觉松弛而有分离之感，东西分处，就不成其为树丛了。

2.三株树丛的配植

三株树组成的树丛，树种的搭配不宜超过两种，最好是同为乔木或同为灌木。如果是单纯树丛，姿态要有对比和差异，如果是混交树丛，则单株应避免选择最大的或最小的树形。栽植时三株忌在一直线上，也忌呈等边三角形。三株中最大的1株和最小的1株要靠近些，在动势上要有呼应，三株树呈不等边三角形。在选择树种时要避免体量差异太悬殊、姿态对比太强烈而造成构图的不统一。例如1株大乔木广玉兰之下配植2株小灌木红叶李，或者2株大乔木香樟下配植1株小灌木紫荆，由于体量差异太大，配植在一起对比太强烈，构图效果就不统一了。再如1株落羽杉和2株龙爪槐配植在一起，因其体形和姿态对立性太强烈，构图效果也不协调。因此，三株树丛的配植，最好选择同一树种而体形、姿态不同的树进行配植。如采用两种树种，最好为类似的树种，如落羽杉与水杉或池柏，山茶与桂花，桃花与樱花，红叶与石楠等。

3.四株树丛的配植

四株的配合可以是单一树种，可以是两种不同树种。如是同一树种，各株树的要求在体形、姿态上有所不同，如是两种不同树种，最好选择外形相似的不同树种，但外形相差不能很大，否则就难以协调。四株配合的平面可有两个类型，一为外形不等边四边形；一为不等边三角形，成3：1的组合，而四株中最大的1株必须在三角形一组内。四株配植时，其中不能出现任何3株成一直线排列的形式。

4.五株树丛的配植

五株树丛的配植可以分为两组形式，这两组的数量可以是3：2，也可以是4：1。在配植中，要注意最大的1株必须在3株的T组中；在4：1配植中，要注意单独的一组不能是最大的也不能是最小的。两组的距离不能太远，树种的选择可以是同一树种，也可以是2种或3种的不同树种。如果是两种树种，则一种树为3株，另一种树为2株，而且在体形、大小上要有差异，不能一种树为1株，另一种树为4株，这样就不合适了，易失去均衡。在栽植方法上可分为不等边的三角形、四边形、五边形。在具体布置上，可以用常绿树组成稳定树丛，常绿和落叶树组成半稳定树丛，落叶树组成不稳定树丛。在3：2或4：1的配植中，同一树种不能在一组中，这样不易形成呼应，没有变化，容易产生2个树丛的感觉。

5.六株以上的配合

六株树木的配合，一般是由2株、3株、4株、5株等基本形式，交相搭配而成的。例如，2株与4株，则成6株的组合；5株与2株相搭，则为7株的组合，都可构成6株以上树丛。它们均是几个基本形式的复合体。因此，株数虽增多，仍有规律可循。只要基本形式掌握好，七株、八株、九株乃至更多株树木的配合，均可类推出来。其关键在于调和中有对比，差异中有稳定。株数太多时，树种可增加，但必须注意外形不能差异太大。一般来说，树丛总株数在七株以下时树种不宜超过三种，十五株以下则不宜超过五种。

（四）群植树

用数量较多的乔灌木（或加上地被植物）配植在一起，形成一个整体，称为群植。树群的灌木一般在20株以上。树群与树丛不仅在规格、颜色、姿态上有差别，而且在表现的内容方面也有差异。树群表现的是整个植物体的群体美，观赏它的层次、外缘和林冠等。

树群是园林的骨干，用以组织空间层次，划分区域；根据需要，也可以以一定的方式组成主景或配景，起到隔离、屏障等作用。

树群的配植因树种的不同，可以组成单纯树群或混交树群。混交树群是园林中树群的主要形式，所用的树种较多，能够使林缘、林冠形成不同层次。混交树群的组成一般可分为4层，最高层是乔木层，是林冠线的主体，要求有起伏的变化；乔木层下面是亚乔木层，这一层要求叶形、叶色都要有一定的观赏效果，与乔木层在颜色上形成对比；亚乔木层下面是灌木层，这一层要布置在接近人们的向阳处，以花灌木为主；最下一层是草本地被植物层。

树群内的植物栽植距离要有疏密变化，要构成不等边三角形，不能成排、成行、成带的等距离栽植。常绿、落叶、观叶、观花的树木，因面积不大，不能用带状混交，也不可用片状混交，而应该用复合混交、小块混交与点状混交相结合的形式。

在树种的选择方面，应注意组成树群的各类树种的生物学习性，在外缘的树木受环境的影响大，在内部的树木，相互间影响大。树群栽植在郁闭之前，受外界影响占优势。根据这一特点，喜光的阳性树不宜植于群内，更不宜作下木，而阴性树木宜植于树群内。树群的第一层乔木应该是阳性树，第二层亚乔木则应是中性树，第三层分布在东、南、西三面外缘的灌木，可以是阳性的，而分布在乔木下以及北面的灌木则应该是中性树或是阴性树。喜暖的植物应配植在南面或西南面。

树群的外貌，要注意植物的季相变化，整个树群四季都有变化。例如，采用以大乔木为广玉兰，亚乔木为白玉兰、紫玉兰或红枫，大灌木为三茶、含笑，小灌木为火棘、麻叶绣球所配植的树群。广玉兰为常绿阔叶乔木，作为背景，可使玉兰的白花特别鲜明，三茶和含笑为常绿中性喜暖灌木，可作下木，火棘为阳性常绿小灌木，麻叶绣球为阳性落叶花冠木。在江南地区，2月下旬山茶最先开花；3月上旬白玉兰、紫玉兰开花，白、紫相间又有深绿广玉兰作背景；4月中下旬，麻叶绣球开白花又和大红山茶形成鲜明对比，次后含笑又继续开花，芳香浓郁；10月间火棘又结红色硕果，红枫叶色转为红色，这样的配植兼顾了树群内各种植物的生物学特性，又丰富了季相变化，使整个树群生气勃勃，欣欣向荣。

当树群面积、株数都足够大时，它既可构成森林景观又发挥着特别的防护功能，这样的大树群则称之为林植或树林，它是成片块大量栽植乔、灌木的一种园林绿地。树林在园林绿地面积较大的风景区中应用较多。一般可分为密林、疏林两种，密林的郁闭度可达70%～95%，疏林的郁闭度则在40%～60%左右。树林又分为纯林和混交林。一般来讲，纯林树种单一，生长速度一致，形成的林缘线单调平淡，而混交林树种变化多样，形成的林缘线季相变化复杂，绿化效果也更生动。

（五）列植

列植是指乔、灌木按一定的直线或缓弯线成排成行的栽植，行列栽植形成的景观比较单一、整齐，它是规划式园林以及广场、道路、工厂、矿山、居住区、办公楼等绿化中广泛应用的一种形式。列植可以是单行，也可以是多行，其株行距的大小决定于树冠的成年冠径，期望在短期内产生绿化效果，株行距可适当小些、密些，待成年后砍伐来解决过密的问题。

列植的树种，从树冠形态看最好是比较整齐，如圆形、卵圆形、椭圆形、塔形的树冠。枝叶疏稀，树冠不整齐的树种不宜用。由于行列栽植的地点一般受外界环境的影响较大，立地条件差，所以在树种的选择上，应尽可能采用生长健壮、耐修剪、树干高、抗病虫害的树种。在种植时要处理好和道路、建筑物、地下和地上各种管线的关系。

列植范围加大后，可形成林带。林带中数量众多的是乔灌林，树种呈带状种植，是列植的扩展种植，它在园林绿化中用途很广，如遮荫、分割空间、屏障视线、防风、阻隔噪音等。作为遮荫功能的乔木，应该选用树冠伞状展开的树种。亚乔木和灌木要耐阴，数量不能多。林带与列植的不同在于林带树木的栽植下能成行、成排、等距，天际线要有起伏变化。林带可由多种乔、灌木树种结合，在选择树种上要富于变化，以形成不同的季相景观。

第三节　园林建筑与小品设计

一、花架

（一）花架在园林绿地中的作用

1.遮荫功能

花架是攀缘植物的棚架，又是人们消夏庇荫的场所，可供游人休息、乘凉，坐赏周围的风景。

2.景观效果

花架在造园设计中往往具有亭、廊的作用，作长线布置时，就像游廊一样能发挥建筑空间的脉络作用，形成导游路线；也可用来划分空间，增加风景的浓度。作点状布置时，就像亭子一般，形成观赏点，并可以在此组织对环境景色的观赏活动。花架在现今园林中除供植物攀缘外，有时也取其形成轻盈之特点以点缀园林建筑的某些墙段或檐头，使之更加活泼和具有园林的性格。另外，花架本身优美的外形也对环境起到了装饰作用。

3.花架在建筑上能起到纽带作用

花架可以联系亭、台、楼、阁，具有组景的功能。

（二）花架的位置选择

花架的位置选择较灵活，公园隅角、水边、园路一侧、道路转弯处、建筑旁边等都可设立。在形式上可与亭廊、建筑组合，也可单独设立于草坪之上。

花架在庭院中的布局可以采取附建式，也可以采取独立式。附建式属于建筑的一部分，是建筑空间的延续。它应保持建筑自身统一的比例与尺度，在功能上除供植物攀缘或设桌凳供游人休息外，也可以只起装饰作用。独立式的布局应在庭院总体设计中加以确定，它可以在花丛中，也可以在草坪边，使庭院空间有起有伏，增加平坦空间的层次，有时亦可傍山临池随时弯曲。花架如同廊道也可起到组织浏览路线和组织观赏景点的作用，布置花架时，一方面要格调清新，另一方面要注意保持与周围建筑和绿化栽培风格上的统一。

（三）花架常用的建筑材料及植物材料

可用于花架的建造材料有很多。简单的棚架，可用竹、木搭成，自然而有野趣，能与自然环境协调，但使用期限不长。坚固的棚架，用砖石、钢管或钢筋混凝土等建造，美观、坚固、耐用，维修费用少。

花架的植物材料选择要考虑花架的遮荫和景观作用两个方面，多选用藤本蔓生并且具有一定观赏价值的植物，如长春藤、络石、紫藤、凌霄、地锦、南蛇藤、五味子、木香等。也可考虑使用有一定经济价值的植物，如葡萄、金银花、猕猴桃等。

（四）花架的造型设计

花架造型比较灵活和富于变化，最常见的形式是梁架式，也就是人们所熟悉的葡萄架。半边列柱半边墙垣，造园趣味类似于半边廊，在墙上亦可以开设景窗，使意境更为含蓄。此外，新的形式还有单排柱花架或单柱式花架及圆形花架。单排柱的花架仍然保持廊的造园特征，它在组织空间和疏导人流方面具有同样的作用，但在造型上更加轻盈自由。单住式的花架很像一座亭子，只不过顶盖是由攀缘植物的叶与蔓组成。

花架的设计往往同其他小品相结合，形成一组内容丰富的小品建筑，如布坐凳供人小憩，墙面开设景窗、漏花窗，柱间嵌以花墙，周围点缀叠石小池以形成吸引游人的景点。

二、亭与廊

（一）亭

1.亭在园林绿地中的作用

（1）景观作用

亭在园林中常作为对景、借景、点缀风景用，也是人们浏览、休息、赏景的最佳处所。

（2）使用功能

亭子在功能上，主要是为了满足人们在游赏活动过程中，驻足休息、纳凉避雨、纵目眺望的需要，在使用功能上没有严格的要求。

2.亭的位置选择

亭在园林布局中，其位置的选择极其灵活，不受格局所限，可独立设置，也可依附于其他建筑物而组成群体，更可结合山石、水体、大树等，得其天然之趣，充分利用各种奇特的地形基址创造出优美的园林意境。

（1）山上建亭

山上建亭，常选用的位置有山巅、山腰台地、悬崖峭峰、山坡侧旁、山洞洞口、山谷溪润等处。亭与山的结合可以共筑成景，成为一种山景的标志。亭立于山顶以升高视点俯瞰山下景色，如北京香山鬼见愁上重阳阁前方亭；列亭于山坡可作背景，如颐和园万寿山前坡佛香阁两侧有各种亭的对称布置，甚为壮观；山中置亭有幽静深邃的意境，如北京植物园内拙山亭；山上建亭还有的是为了与山下的建筑取得呼应。颐和园和承德避暑山庄全园大约有1/3数量的亭子放在山上，绝大部分取得了很好的效果。

（2）临水建亭

水际安亭在中国传统园林中有很多优秀的实例。临水的岸边、水边石矶、水中小岛、桥梁之上等处都可设立。

水边设亭，一方面是为了观赏水面的景色，另一方面，也是为了丰富水景效果。水面设亭，一般应尽量贴近水面，宜低不宜高，突出水中为三或四面水面所环绕。

凸入水中或完全驾临于水面之上的亭，也常立于岛、半岛或水面石台之上，以堤、桥与岸相连，如颐和园的知春亭。完全临水的亭，应尽可能贴近水面，切忌用混凝土柱墩把亭子高高架起，使亭子失去了与水面之间的贴切关系，比例失调。为了营造亭子有漂浮于水面的感觉，设计时还应尽可能把亭子下部的柱墩缩到凸出的底板边缘的后面去，或选用天然的石料包住混凝土柱墩，并在亭边的沿岸和水中散置叠石，以增添自然情趣。

水际安亭需要注意选择好观水的视角，还要注意亭在风景画面中的恰当位置。水面设亭在体量上的大小，主要看它所面对水面的大小而定。位于开阔湖面的亭子尺度一般较大，有时为了强调一定的气势和满足园林规划的需要，还把几个亭子组织起来，成为一组亭子组群，形成层次丰富、体形变化的建筑形象，给人以强烈的印象。桥上置亭也是我国园林艺术处理上的一个常见手法。

（3）亭与植物结合

亭与园林植物结合往往能产生较好的效果。中国古典园林中，有很多亭直接引用植物名，如牡丹亭、桂花亭、仙梅亭、荷风四面亭等等。亭名因植物而出，再加上诗词牌匾的渲染，可以使环境空间有声有色，如无锡惠山寺旁的听松亭以松涛为主题，创造出"万壑风生成夜响，千山月照挂秋阴"的意境。拙政园中荷风四面亭的题联为"四面荷花三面柳，半潭秋水上房山"。亭旁种植物应有疏有密，精心配置，不可壅塞，要有一定的欣赏、活动空间。山顶植树更需留出从亭往外看的视线。

（4）亭与建筑的结合

亭与建筑的结合有两种类型：一种类型是亭与建筑相连，亭是建筑群中的一部分，建筑群是一个完整的形象；再有一种类型是亭与建筑分离，亭是一个空间中的组成部分，作为一个独立的单体存在。亭与建筑物组配在一个空间中，它可以起到几种效果：在建筑群前轴线两侧列亭，左右对称，强化建筑的庄重、威严。很多庙宇前设钟鼓亭就有这种效果，如山西大同华严寺钟鼓亭、北京北海琼岛南坡永安寺前的亭等。有的把亭置于建筑群的一角，使建筑组合更加活泼生动，如北京长春园中玉玲珑馆的西南角安放四方亭，在玉玲珑馆的东南隔岸映清斋后也安放四方亭。两亭虽大小不同，却可使两组建筑互相呼应；扬州寄啸山庄湖心亭位于三面建筑环抱的水池中，增添了空间中的层次。

除以上常见的位置外，亭还经常设立于密林深处、庭院一角、花间林中、草坪中、园路中间以及园路侧旁等平坦处。

3.亭的平面及立面设计

亭的形式很多，从平面上可分为三角亭、方形亭、五角亭、六角亭、八角亭、十字亭、圆亭、磨菇亭、伞亭、扇面亭等。从其组合不同又可分为单体式、组合式、与廊墙相结合的形式三类。位置不同又可分为山亭、水亭、桥亭等。

亭的立体造型,从层数上看,有单层和两层。中国古代的亭本为单层,两层以上应算作楼阁。但后来人们把一些二层或三层类似亭的阁也称之为亭,并创作了一些新的二层的亭。

亭的立面有单檐和重檐之分,也有三重檐的。亭顶的形式则多采用攒尖顶、歇山顶,也有用盝顶式的,现代园林中用钢筋混凝土作平顶式亭的较多,也作了不少仿攒尖顶、歇山顶等形式的。在建筑材料的选用上,中国传统的亭子以木构瓦顶居多,也有木构草顶及全部是石构的。现代园林多用水泥、钢木等多种材料,制成仿竹、仿松木的亭,有的山地或名胜地,用当地随手可得的树干、树皮、条石构亭,亲切自然,与环境融为一体,更具地方特色,造型丰富,性格多样,具有很好的效果。

(二)廊

1.廊在园林造景中的作用

(1)联系功能

廊将园林中各景区、景点联成有序的整体,虽散置但不零乱。廊将单体建筑联成有机的群体,使主次分明,错落有致,廊可配合园路构成全园交通、浏览及各种活动的通道网络,以"线"联系全园。

(2)分隔空间并围合空间

在花墙的转角、尽端划分出小小的开井,以种植竹石,花草构成小景,可使空间相互渗透,隔而不断,层次丰富。廊又可将空旷开敞的空间围成封闭的空间,在开朗中有封闭,热闹中有静谧,使空间变幻的情趣倍增。

(3)组廊成景

廊的平面可自由组合,廊的体态又通透开畅,尤其是善于与地形结合,"或盘山腰,或穷水边,通花度壑,蜿蜒无尽"(《园冶》),与自然融为一体,在园林景色中体现出自然与人工结合之美。

（4）实用功能

廊具有系列长度的特点，最适于作展览用房。现代园林中的各种展览廊，其展出内容与廊的形式结合的尽善尽美，如金鱼廊、花卉廊、书画廊等，极受群众欢迎。此外，廊还有防雨淋、避日晒的作用，形成休憩、观赏的佳境。

廊在近现代园林中，还经常被运用到一些公共建筑（如旅馆、展览馆、学校、医院等）的庭园内，它一方面是作为交通联系的通道，另一方面又可作为一种室内外联系的"过渡空间"。把室内、外空间紧密地联系在一起，互相渗透、融合，形成一种生动、诱人的空间环境。

2.廊的形式与位置选择

（1）廊的形式

根据廊的平面与立面造型，可分为空廊（双面空廊）、半廊（单面空廊）、复廊、双层廊（又称复道阁廊）、爬山廊、曲廊（波折廊）等。

（2）廊的位置选择。在园林的平地、水边、山坡等各种不同的地段上建廊，由于不同的地形与环境，其作用及要求亦各不相同。

①平地建廊

常建于草坪一角、休息广场内、大门出入口附近，也可沿园路或用来覆盖园路，或与建筑相连等。在园林的小空间或小型园林中建廊，常沿界墙及附属建筑物以"占边"的形式布置。

平地上建廊，还作为景观的导游路线来设计，经常连接于各景点之间，廊子平面上的曲折变化完全视其两侧的景观效果和地形环境来确定，随形而弯，依势而曲，蜿蜒透迤，自由变化。有时，为分划景区，增加空间层次，使相邻空间造成既有分割又有联系的效果，也常常选用廊子作为空间划分的手段，或者把廊、墙、花架、山石、绿化互相配合起来进行。在新建的一些公园或风景区的开阔空间环境中建游廊，利用廊子围合、组织空间，并于廊子两侧之间设置座椅，提供休息环境，廊子的平面方向则面向主要景物。

②水上建廊

一般称之为水廊，供欣赏水景及联系水上建筑之用，形成以水景为主的空间。水廊有位于岸边和完全凌驾水上两种形式。

位于岸边的水廊，廊基一般紧接水面，廊的平面也大体贴紧岸边，尽量与水接近。在水岸曲折自然的情况下，廊大多沿着水边形成自由式格局，顺自然之势与环境相融合，驾临水面之上的水廊，以露出水面的石台或石墩为基，廊基一般宜低不宜高，最好使廊的底板尽可能贴近水面，并使两边水面能穿经廊下而互相贯通，人们漫步于水廊之上，左右环顾，宛若置身水面之上，别有风趣。

③山地建廊

供游山观景和联系山坡上下不同标高的建筑物之用，也可借以丰富山地建筑的空间构图。爬山廊有的位于山的斜坡，有的依山势碗蜒转折而上。

3.廊的设计

（1）廊的平面设计

根据廊的位置和造景需要，廊的平面可设计成直廊、弧形廊、曲廊、回廊及圆形廊等。

（2）廊的立面设计

廊的立面基本形式有悬山、歇山、平顶廊、折板顶廊、十字顶廊、伞状顶廊等。在做法上，要注意下面几点：

①为开阔视野，四面观景立面多选用开敞式的造型，以轻巧玲珑为主。在功能上需要私密的部分，常常借加大檐口，形成阴影。为了开敞视线，亦有用漏明墙处理的；

②在细部处理上，可设挂落于廊檐，下设置高1m左右，某些可在廊柱之间设0.5～0.8m高的矮墙，上覆水磨砖板，以供休憩，或用水磨石椅面和美人靠背与之相匹配；

③廊的吊顶：传统式的复廊、厅堂四周的围廊，吊顶常采用各式轩的做法。现今园中之廊，一般已不做吊顶，即使采用吊顶，装饰亦以简洁为宜。

三、园路与园桥

（一）园路

1.园路的功能

园路像人体的脉络一样，是贯穿全园的交通网络，是联系各个景区和景点的纽带和风景线，是组成园林风景的造景要素。园路的走向对园林的通风、光照、环境状况都有一定的影响。因此无论在实用功能上，还是在美观方面，均发挥着重要的作用。

（1）组织空间、引导浏览

园路既是园林分区的界线，又可以把不同的景区联系起来。通过园路的引导，将全国的景色逐一展现在游人眼前，使游人能从较好的位置去观赏景致。在公园中常常利用地形、建筑、植物或道路把全园分隔成各种不同功能的景区，同时又能通过道路，把各个景区联系成一个整体。其中浏览程序的安排，对中国园林来讲是十分重要的。它能将设计者的造景充分传达给游客。园路正是起到了组织园林的观赏程序，向游客展示园林风景画面的作用。它能通过自己的布局和路面铺砌的图案，引导游客按照设计者的意图、路线和角度来浏赏景物。从这个意义上来讲，园路是游客的导游者。

（2）组织交通

园路对游客的集散、疏导有着重要作用，满足了园林绿化、建筑维修、养护、管理等工作的运输需要，承担了安全、防火、职工生活、公共餐厅、小卖等园务工作的运输任务。对于小型公园，这些任务可综合考虑，对于大型公园，由于园务工作交通量大，有时可以设置专门的路线的入口。

（3）构成园景

园路优美的曲线，丰富多彩的路面铺装，与周围的山体、建筑、花草、树木、石景等物紧密结合，不仅是"因景设路"，而且是"因路得景"。所以园路可行、可游，行游统一。

2.园路的分类

园路按功能可分为主要园路（主干道）、次要园路（次干道）和游憩小路（游步道）。按路面材料可分为土草路、泥结碎石路、块石冰纹路、砖石拼花路、条石铺装路、水泥预制块路、方砖路、混凝土路、沥青柏油路、沥青砂砼路等。

（1）主干道

供大量游人行走，必要时通行车辆。主干道要接通主要入口处，并要贯通全园景区，形成全园的骨架。

（2）次干道

主要用来把园林分隔成不同景区。它是各景区的骨架，同附近景区相通。

（3）小道

为引导游人深入景点，探求寻胜之路，如游山岙、小岛、水涯、峡谷、疏林、草地等处的道路。

3.园路的设计

（1）平面线形设计

①园路的宽度要求：在总体规划时应首先确定园路的位置，在进行园路技术设计时，还应对下列内容进行复核：重点风景区的浏览大道及大型园林的主干道的路面，应考虑能通行大卡车、大型客车。公园主干道，由于园务交通的需要，应能通行卡车。重点文物保护区的主要建筑物四周的道路，应能通行消防车，其路面宽度一般为3.5m。

游步道一般为1~2.5m，小径也可小于1m。由于特殊需要，游步道宽度的上下限允许灵活些。附游人及各种车辆的最小运动宽度表。

②园路的平面造型：规则式园林的园路造型应用直线条；自然式园林中应采用迂回曲折的弧形线，蜿蜒曲折，避免构成直线，宽度可依自然而设，可宽可窄，以不影响行人为度，看不出有人工改造的痕迹即可。但曲折不能过多，曲度半径不宜相等，曲折必须有目的地曲折。如岩石当前，怪石崎岖，就须石径盘旋；蜿蜒而上，陡处必须设石级。

（2）园路的纵断面设计

①园路纵断面的设计要求：第一，根据造景的需要，随地形的变化起伏

而变化；第二，在满足造园艺术要求的情况下，尽量利用原地形，保证路基的稳定，并减少土方量；第三，园路与相连的城市道路在高程上应有合理的衔接；第四，园路应配合组织园内地面水的排除。不同材料的路面排水能力不同，因此，各类型路面对纵横坡度的要求也不同。

在游步道上，道路的起伏可大一些，一般在12°以下为舒适的坡道。超过12°时行走就会较费力。在浏览性公路设计时，还要考虑路面视距与会车视距。

供残疾人使用的园路在设计时的具体作法参照《方便残疾人使用的城市道路和建筑设计规范》。

4.园路的铺装

园路作为园林绿地设计要素，在满足其功能要求的基础上，还要充分考虑其景观效果。要以多种多样的形态、花纹来衬托景色，美化环境。在进行路面图案设计时，应与景区的意境相结合，即要根据园路所在的环境选择路面的材料、质感、形式、尺度与研究路面图案的寓意、趣味，使路面更好地成为园景的组成部分。

路面的铺装有水泥、油渣、预制水泥板、卵石、砖铺等。应根据用途和所要创造的意境而定。《园冶》中讲："惟厅堂广厦中，铺一概磨砖。"又讲："花环窄路偏宜石，堂迥空庭须用砖，鹅子铺成蜀锦。"又讲："花环窄路偏宜石，堂迥空庭须用砖，鹅子石宜铺于不常走处"，"乱青版石斗冰裂纹，宜于山堂、水坡、台端、亭际"。很细致地讲述了路面与环境的关系。

（二）园桥

1.园桥的作用

园林中的桥是风景桥，它是风景景观的一个重要组成部分。园桥具有三重作用：悬空的道路，起组织浏览线路和交通功能，并可变换游人观景的视线角度；凌空的建筑，点缀水景，本身常常就是园林一景，在景观艺术上有很高价值，往往超过其用作交通的功能。加建亭廊的桥，称亭桥或廊桥；三是分隔水面，增加水景层次，水面被划分为大与小，桥则在线（路）与面

（水）之间起到中介作用。

2.园桥的分类

（1）平桥 简朴雅致，紧贴水面，它或增加风景层次，或便于观赏水中倒影，池里游鱼，或平中有险，别有一番乐趣。

（2）曲桥 曲折起伏多姿，无论是三折、五折、七折还是九折，在园林中通称为曲桥或折桥，它为游客提供了各种不同角度的观赏点，桥本身又为水面增添了景致。

（3）拱桥 多置于大水面，它是将桥面抬高，做成玉带的形式。这种造型优美的迪线，圆润而富有动感。既丰富了水面的立体景观，又便于桥下通船。

（4）屋桥 是以石桥为基础，在其上建有亭、廊等，因此又叫亭桥或廊桥，其功能除交通和造景外，还可供人休憩。

（5）亭桥 是架在水上的亭，处于较大的水面上，具有气势磅礴之意，易于四周观景，可供游人赏景、游憩、避雨、遮日。

3.园桥的设计方法

（1）园桥的位置选择

在风景园林中，桥位选址与总体规划、园路系统、水面的分隔或聚合、水体面积大小密切相关。大水面架桥，借以分隔水面时，宜选在水岸线较狭处，既可减少桥的工程造价，又可避免水面的空旷之感。建桥时，应适当抬高桥面，既可满足通航的要求，还能框景，增加桥的艺术效果。附近有建筑的，更应推敲园桥体形的细部表现。小水面架桥宜体量小而轻，体型细节处应简洁，轻盈质朴，同时，宜将桥位选择在偏居水面的一隅，以期水系藏源，产生"小中见大"的景观效果。在水势湍急处，桥宜凌空架高。并加栏杆，以策安全，以壮气势。水面高程与岸线齐平处，宜使桥平贴水波，使人接近水面，产生凌波亲切之感。

（2）园桥的设计

①单跨平桥：造型简单能给人以轻快的感觉。有的平桥用天然石块稍加整理作为桥板架于溪上，不设栏杆，只在桥端两侧置天然景石隐喻桥头，简

朴雅致。如苏州拙政园曲径小桥、广州荔湾公园单跨仿木平板桥，亦具田园风趣。

②曲折平桥：多用于较宽阔的水面和水流平静者。为了打破一味直线平桥过长的单调感，可架设曲折桥式。曲折桥有两折、三折、多折等。如上海坡隍庙九曲桥，饰以华丽栏杆与灯柱，形态绚丽与庙会的热闹气氛相协调。

③拱券桥：用于庭园中的拱券桥多以小巧取胜，网师园石拱桥以其较小的尺度，低矮的栏杆及朴素的造型和周围的山石树木配合得体见称。广州流花公园混凝土薄拱桥造型简洁大方，桥面略高于水面，在庭园中形成小的起伏，颇富新意。

④汀步：水景的布置除桥外在园林中亦喜用汀步。汀步宜用于浅水河滩，平静水池，山林溪涧等地段。近年来以汀步点缀水面亦有许多创新的实例。

四、园林小品设计

（一）园林小品设计

1.园桌、园椅、园凳

园椅、园凳是供游人坐息、赏景用的，一般布置在人流较多、景色优美的地方，如树荫下、河湖水体边、路边、广场、花架下等。有时还可设置园桌，供游人休息娱乐用。同时，这些桌椅本身的艺术造型也能装点园林景色。

（1）基本尺寸

园椅、园凳的高度宜在30cm左右，不宜太高，否则游人坐息会有不安全感。

（2）形式

园椅、园凳要求造型美观，坚固舒适，构造简单，易清洁，耐日晒雨淋。其图案、色彩、风格要与环境相协调。常见形式有直线长方形、方形；曲线环形、圆形；直线加曲线；仿生与模拟形等。此外还有多边形或组合形。

（3）材料

园桌、园椅、园凳可用多种材料制作，有木、竹材料，还有钢铁、铝合金、钢筋混凝土、塑胶以及石材、陶、瓷等。有些材料制作的桌椅还必须用油漆、树脂涂抹或磁砖、马赛克等装饰表面，其色彩要与周围环境相协调。

2.园门、园墙

（1）园墙

园墙在园林绿地中有两种，即界墙与景墙。

①界墙。用于园林边界四周，也称护园围墙。这种墙的主要功能是防护，但也有装饰和丰富园林景色的作用，因此，质地应坚固、耐用，同时形式也要美观。最好采用透空或半透空的花格围墙，使园林内外景色互相渗透。

②景墙。园林内部的墙称为景墙。其主要功能是分隔空间，还有组织导游、衬托景观、装饰美化及遮挡视线的作用。是园林空间构图中的一个重要因素。景墙的形式有波形墙、漏明墙、白粉墙、花格墙、虎皮石墙等。中国江南古典园林多用白粉墙，白粉墙面不仅与屋顶、门窗的色彩有明显对比，而且能衬托出山石、竹丛、花木的多姿多彩。在阳光照射下，墙面上的水光树景变幻莫测，形成一幅美丽的画面。景墙上常设的漏窗、空窗、门洞等形成虚实、明暗对比，使窗面的变化更加丰富。漏窗的形式有文形、长方形、圆形、六角形、八角形、扇形等及其他不规则形状。

（2）园门

园门是指园林中的出入口。主要出入口的园门称正门，次要出入口称为侧门。另外，园门还有专用的景门，它是指在景墙上安装连通各景区的园门。园林中的正门是园林的序言，除要求管理方便、入园合乎顺序外，还要形象明确，色彩讲究，雅丽大方，特点突出，便于游人寻找。纪念性质的公园，园门造型宜高大、厚实，具有沉着、庄重严肃的气氛。森林公园、树木园以及天然名胜、历史古迹等处的园门，须力求自然，避免华丽和浓厚的建筑气氛，最好有山野风味。一般性公园外的园门宜玲珑、轻盈潇洒。

景门因不用门扇，故又有六洞之称。景门除供游人出入外，也是一幅取景框，即为框景。景门的形状多样，在分隔主要景区的景墙上，常用简洁而直径较大的圆景门和八角景门，便于流通。在廊和小庭院、小空间的墙上，多用尺寸较小的长方形、秋叶形、瓶形、葫芦形等形状轻巧的景门。

（二）雕塑

雕塑广泛运用于园林绿地的各个领域。园林雕塑是一种艺术作品，不论从内容、形式和艺术效果上都十分考究。

1.雕塑的类型

雕塑在园林中有表达园林主题，组织园景，点缀、装饰、丰富浏览内容，充当适用的小型设施等功能。因此雕塑可分为如下几处：

（1）纪念性雕塑。大都塑在纪念性园林绿地之内和有关历史名城之中。如上海虹口公园的鲁迅座像；南京新街口广场的孙中山铜像等。

（2）主题性雕塑。按照某一主题创造的雕塑。如杭州花港公园的"莲莲有鱼"雕塑，突出观鱼，借以表达园林主题。北京全国农业展览馆，用丰收图群雕突出农业新技术、新成就的应用效果，借以表达主题。

（3）装饰性雕塑。这类雕塑常与树、石、喷泉、水池、建筑物等结合建造，借以丰富浏览内容，供人观摩。如塑金鱼、天鹅、海豹、长颈鹿等。

2.雕塑的制作材料

可采用大理石、汉白玉石、花岗岩和混凝土、金属等材料进行制作。近年还有应用钢筋混凝土塑造假山、建筑小品和小型设施（如果壳箱）例如塑造仿树干的灯柱，仿木板的桥，仿假山石的假山等。

3.雕塑的设置

雕塑一般设立在园林主轴线上或风景透视线的范围内。也可将雕塑建于广场、草坪、桥畔、山麓、堤坝旁等。雕塑既可孤立设置，也可与水池、喷泉等搭配。有时，雕塑后方可密植常绿树丛作为衬托，则更可使所塑形象鲜明、突出。

（三）其他

1.园灯

（1）园灯的作用

园灯属于园林中的照明设备，主要作用是供夜间照明，点缀黑夜的景色，同时，白天园灯又可起到装饰作用。因此，各类园灯不仅在照明质量与光源选择上有一定要求，而且对灯关、灯杆、灯座的造型都必须加以考虑。

（2）园灯的设置

园林内需设置园灯的地点很多，如园林出入口、广场、道旁、桥梁、建筑物、花坛、踏步、平台、雕塑、喷泉、水池等地，均需设灯。园灯处在不同的环境下，有着不同的要求。在开阔的广场和水面，可选用发光效率高的直射光源，灯杆高度可依广场大小而变动，一般为5～10m。道路两旁的园灯，希望照度均匀，由于路边行道树的遮挡，一般不宜过高，以4～6m为好，间距为30～40m为宜，不可太远或太近，常采用散射光源，以免直射光使行人耀眼而目眩。在广场和草坪中的雕塑、花坛、喷水池等处，可采用探照灯、聚光灯或霓虹灯装饰，有些大型喷水池，可在水下装设彩色投光灯，在水面上形成闪闪的五光十色的光点。园林道路交叉口或空间转折处，宜设指示灯，以便黑夜指示方向。

（3）园灯的式样

园灯的式样，大体可分为对称式、不对称式、几何形、自然形等。形式虽然繁多，但以简洁大方为原则。因此，园灯的造型不宜复杂，切忌施加繁琐的装饰，通常以简单的对称式为主。

2.栏杆

栏杆是由外形美观的短柱和图案花纹，按一定间隔（距离）排成栅栏状的构筑物。

（1）栏杆的作用。栏杆在园林中主要起防护、分隔作用，同时利用其节奏感，发挥装饰园景的作用。有的台地栏杆可做成坐凳形状，既可防护又供坐息。栏杆的式样虽然繁多，但造型的原则都是一样的，即须与环境相协调。例如在雄伟的建筑环境内，须配坚实而具庄重感的栏杆；而在花坛边缘或园路边可配灵活轻巧、生动活泼的修饰性栏杆等。

（2）栏杆的高度。栏杆的高度随不同环境和不同功能要求有较大的变化，可为15～120m。例如，防护性栏杆，可达85～95cm；广场花坛旁栏杆，不宜超过25～35cm；设在水边、坡地的栏杆，高度在60～85cm；而在悬崖上装置栏杆，其高度则需远远超过人体的重心，一般应在110～120cm左右；坐凳式栏杆凳的高度以40～45cm为宜。

（3）栏杆的材料。制造栏杆的材料很多，有木、石、砖、钢筋混凝土和钢材等。木栏杆一般用于室内，室外宜用砖、石建造的栏杆。钢制栏杆，轻巧玲珑，但易生锈，防护较麻烦，每年要刷油漆，可用铸铁代替。钢筋混凝土栏杆，坚固耐用，且可预制装饰性花纹，装配方便，维护管理简单。石制栏杆，坚实、牢固，又可精雕细刻，增强艺术性，但造价较昂贵。此外，还可用钢、木、砖及混凝土等组合制作栏杆。

3.宣传牌、宣传廊

宣传牌、宣传廊是在园林中对游客进行政治思想教育、普及科学知识与技术的园林设施。它具有形式灵活多样，体形轻巧玲珑，占地少，造价低廉和美化环境等特点，适于各类园林绿地中布置。

（1）设置地点的位置。为了获得较好的宣传效果，这类设施多放置在游人停留较多之处。如广场的出入口、道路交叉口，建筑物前，亭廊附近，休憩的凳、椅旁等。此外，还可与挡土墙、围墙相结合，或与花坛、花台相结合。

宣传牌宜立于人流必经之处，但又不可妨碍行人来往，故须设在人流路线之外，牌前应留有一定空地，作为观众参观展品的空间。该处地面必须平坦，并且有绿树庇荫，以便游人悠悠地阅读。人们一般的视线高度为1.4～1.5m。故宣传牌的主要览面，应置于人们视线高度的范围内，上下边线宜在1.2～2.2m之间，可供一般人平视阅读。

（2）宣传廊的主要组成部分。宣传廊主要由支架、板框、檐口和灯光设备组成。支柱为主要承重结构，板框附在支架上，作为装饰展品。板框处一般加装玻璃，借以保护展品。檐口可防止雨水渗漏。顶板应有5%的坡度向后倾斜，以便雨水向后方排去。灯光设备通常隐藏于挑檐内部或框壁四周。为了避免直接光源发出眩光的缺点，可用毛玻璃遮盖，或用乳白灯罩使光线散射。

4.公用类建筑设施

主要包括电话、导游牌、路标、停车场、存车处、供电及照明、供水及排水设施、标志物及果皮箱、饮水站、厕所等等。

第四章 园林景观设计原理与基础

第一节 园林景观设计类型

一、城市公园

城市公园指的是有着大量绿地和绿化的、具有较大规模的、设施相对完整的城市公共活动空间，可供城市居民休息和游玩。城市公园是城市景观绿地系统的重要组成部分，由政府或公共团体建造，供市民游览、娱乐、休息。同时，它也是人们进行体育锻炼和科普教育的场所，具有改善城市生态和美化环境的功能。公园一般以绿地为主，往往有大片的树林，所以也被称为"城市绿肺"。

根据公园的不同功能，可大致分为两类：综合性公园和主题性公园。综合性公园是指设施齐全、功能多样的公共园林。此类公园一般都有着明确的功能分区，一个大园可以包括几个小园，全国各地的大型公园都属于这一类。主题性公园是指有着明确主题内容或特定服务对象的专业性较强的公共园林，如动物园、植物园、儿童公园、体育公园、森林公园，等等。

在设计城市公园时，需要注意以下几点。

（1）公园布局形式。公园布局形式大致可分为三种：规则式、自然式和混合式。规则式布局严谨，强调几何秩序，常出现在西式园林当中；自然式布局较为随意，它更强调景观的意境，常见于中式古典园林；混合式布局带有现代性特征，强调景致的丰富。选择哪种布局形式，主要取决于地形、环境条件和公园主题。

（2）功能分区要合理。公园向公众开放，公园设计的主要目的是方便人们的活动，满足人们的使用要求。因此，园区的功能划分应合理、明确。特别是综合性公园，通常会分为文化娱乐区、安静休息区和儿童活动区，等等。

（3）配套设施丰富。无论公园的类型如何，都必须注意完善附属设施，方便游客。这些设施包括餐厅、小商店、厕所、电话亭、垃圾桶、休息椅、公共标志，等等。

二、城市街道

城市街道是城市的骨架，属于线性空间。它将城市划分为许多大小不同的街区，连接着建筑、广场、湖泊等节点空间，形成整个城市景观。人们对街道的感知不仅来自街道本身，还来自街道两侧的景观和建筑，如街旁的行道树、广场景观、广告牌、立交桥，等等。这一系列场景共同构成了街道的整体形象。

街景的质量对人们有很大的影响。对于市民来说，改善街景质量可以增强他们的自豪感和凝聚力。对于来自外地的游客和办公者来说，街景代表着整个城市的形象，当他们离开这座城市以后，仍会记得这座城市的街景带给他们的感受。

城市街道绿化设计是城市街道设计的核心。良好的绿化可以构成简洁、大方、独特、开放的景观。除了美化环境外，街道绿化还可以调节街道附近的湿度、吸附粉尘、降低风速、减轻噪音，并在一定程度上改善周围环境的小气候。街道绿化是城市景观绿化的重要组成部分。

街道绿化设计有三种类型：规则式、自然式，以及混合式。在进行设计时，应根据街道环境的特点进行选择。通过树种搭配、前后层次处理以及孤植和丛植的交替使用来产生规则式的变化。通常这种变化的幅度很小，但节奏感强。自然式适合使用在人行道和有宽阔绿地的区域。它更加活泼，且变化丰富。混合式是规则式和自然式的组合形式。它有两种安排方式：一种是在路边列植行道树，在行道树下或树后种植低矮的灌木、花草和地被植物；另一种是在路边种植自然式树丛、花丛等，并在远离道路的位置上布置规则的行列式植物。

三、城市广场

城市广场是在城市道路交通体系中具有多种功能的开放空间。它是城市居民交流活动的场所，也是城市环境的重要组成部分。在城市格局中，城市广场是与道路相连并且相对开放、较为空旷的部分，通常规模很大，包括各种软硬景观，广场内使用步行交通手段，能够满足人们的多种社会生活需求。

城市广场是城市空间环境中最具公共性、开放性、永久性和艺术性的空间，它体现着一个城市的文明程度和整体风貌，所以也被称作是"城市客厅"。城市广场的主要职能除了为市民活动提供开放的空间以外，还有增强市民自信心和凝聚力的作用，还具有展现城市风貌、体现政府业绩的重要功能。

1.广场类型

城市广场按性质、功能和在城市交通道网中所处的位置及附属建筑物的特征，可分为以下几类。

（1）集会性广场。集会性广场顾名思义是指用于举行政治集会、游行庆典、检阅活、传统节庆等活动的开放式场所。如政治广场、市政广场等。这些广场具有城市标识的作用，通常设置在城市的中心。这种广场的特点是规模大、规则整齐、交通便利、场内绿地少，只在周边进行小范围绿化，最典型的代表就是北京天安门广场和上海人民广场。

（2）交通广场。交通广场是指有多条交通干道的较大的交叉口广场，如环形交叉口和桥头广场。这些广场是城市交通系统的重要组成部分，大多数都安排在城市交通较为复杂的路段，并与城市的主要街道相连。交通广场的主要功能是组织交通，但同时也具有装饰街景的作用。在绿化设计方面，需要充分考虑交通安全因素，进行实地考察，保证司机的视野不受到绿化植物的遮挡或影响，因此，在一些地方密植高大的树木，大多数都用灌木植物作为装饰。

（3）娱乐休闲广场。在城市中，这样的广场数量最多，主要是为市民提供良好的户外活动空间，以满足休闲、娱乐和交流的需求。这种广场通常围绕城市商业区和住宅区布置，并且通常与公共绿地相结合。这种广场的设计必须确保开放性同时还要具有一定的私密性。在地面铺装、绿化和景观设计中，不仅要具有一定的趣味性还要充分反映出城市的独特个性和地域文化。

（4）商业广场。商业广场是指用于集市贸易、展销和购物的广场。它通常位于商业中心区或大型商业建筑附近，可以连接相邻的购物中心和市场，使商业活动更加集中化。随着城市中大型、综合、可步行的重要商业区和商业街的发展，商业广场的作用还体现在能够为人们提供相对安静和舒适的休息场所。因此，它具有广场和绿地的双重特征，并配有相对完善的休息设施。

（5）纪念广场。纪念广场通常是用来纪念某些重要人物或事件的广场。其中一般会设有各种纪念性建筑、纪念碑和纪念雕塑。纪念广场应与城市的历史相结合，与城市中具有重大象征意义的纪念物相配合，常建在城市中的重要位置，便于市民和游客游览。

2.广场空间形式

广场有许多种空间形式。根据平面形状，可以将这些空间形式分为规则广场和不规则广场。根据围合程度，可以将它们分为封闭式广场、半封闭式广场和敞开式广场。根据建筑物的位置，可以将它们分为周边式广场和岛式广场。根据设计的地面标高，可以将其分为地面广场、上升式广场和下沉式广场。在选择广场的空间形式时，需要将具体的使用要求和条件作为出发点，选择合适的类型来规划城市广场空间，以满足人们的活动和观赏需要。

3.广场设计要素

广场设计要素主要有以下几类。

（1）广场铺装。广场应该以硬景观为主，为了方便人们进行各种活动，需要有充足的铺装硬地，因此铺装设计是广场设计的重点内容。历史上许多著名的广场都因其精致的铺装而使人印象深刻。

广场的铺装设计应新颖独特，必须与周围环境相协调。设计中应注意以下两点。

①铺装材料的选用。材料的选择不能单方面进行，应与其他景观要素结合，同时注意使用的安全性，避免在下雨天地面过于湿滑，游人难以行走的情况出现。应该多使用物美价廉、使用方面、施工简单的材料，如混凝土块、砖块、可回收垃圾，等等。

②铺装图案的设计。由于广场是户外空间，地面图案的设计应该尽量简洁，并重点强调关键点。图案的设计应充分考虑材料的颜色、比例和纹理。最好使用不同的图案来表示地面的不同用途，划定不同的空间特征，也可以用来指示游览的方向。

（2）广场绿化。广场绿化是广场景观形象的重要组成部分。它主要包括草坪、树木、花坛等内容。经常利用不同的配置方法和修剪整形手段，以获得不同的装饰效果，营造出不同的环境氛围。

绿化设计有以下几个要点。

①确保广场绿地的面积不小于广场整体面积的20%，为人们提供遮阴避暑的条件，并丰富景观的色彩层次。但是，应该指出的是，大多数广场的基本目的是为人们提供一个开放的社交空间，因此必须有足够的铺装道路供人们进行各类活动。因此，绿地面积不宜过大，尤其是许多草坪不能供游人行走活动时应该重点注意这个问题。

②广场的绿化应根据具体条件与广场的功能和性质进行全面设计。例如，娱乐休闲广场主要为人们提供休息的场所和装饰城市环境。因此，可以考虑修建水池、花坛等形式的景观，集会性广场的绿化相对较少，应保证大面积的空地可以用于集会和各种活动。

③所选植物种类应符合并反映当地特点，易于维护和管理。

（3）广场水景。广场的水景主要以水池（通常与喷泉设计相结合）、叠水、瀑布等形式出现。空间氛围通过水的动静、起落等处理方式被激活，使空间变得连贯而有趣。喷泉是广场中最常见的水景形式，一般会受到声、光、电的控制。喷泉一般规模都较大，且气势非凡，是广场中的重要景观。

在布置水景时，要充分考察景观的安全性，采取一定的安全措施，尤其要避免儿童、盲人或其他带有行动障碍的游人意外跌落。景观周围的地面要注意排水性的好坏，还要具备防滑等品质。

（4）广场照明。广场照明应确保交通和行人的安全，并具有美化广场夜景的作用。照明灯具的形式和数量的选择应与广场的性质、大小、形状、绿化以及周围建筑相适应，还要具有节能的品质。

（5）景观小品。广场景观小品包括雕塑、壁饰、座椅、花架、广告牌，等等。它不仅强调时代感，还具有个性美。它的造型应符合广场的整体风格，协调而不单调，丰富而不杂乱，注意结合地方艺术和文化特色。

四、庭院

随着人们对生活和环境质量的要求逐渐提高，以及近年来房地产行业的蓬勃发展，住宅小区内的环境条件越来越受到公众的关注。特别是在一些高档住宅区，小区内部的景观设计往往是楼盘销售的卖点。因此，从设计的规模和质量来看，城市居住区的景观设计已成为庭院设计的最重要形式。

1.庭院设计风格

现代庭院设计风格主要有中国传统式、西方传统式、日本式庭院和现代式庭院四种类型。

（1）中国传统式。这种庭院形式是中国传统园林的缩影，强调"虽由人作，宛自天开"的诗意思想。由于它的面积一般较小，且常常采用自然式景观设计，因此需要巧妙地构思园内的布景。针对这种小型庭院，设计师一般会采用"化"或"仿意"的手法，创造诗画般的写意意境。例如，此类庭院设计通常会将亭、廊、花窗和青瓦压顶的云墙精练简化，用抽象的形式表现传统的风格。

在平面布局中，通常会选用自然式风格的园路。园路的铺装用卵石和天然石板搭配使用；水池通常采用不规则形状，岸边常用黄石堆叠成驳岸，以草坪在周围铺衬；庭院中经常建有假山、溪涧、涌泉等山水景观，其间以精心挑选的花草加以点缀；植物的种植也采用自然式方法，通常会栽种适量的梅、竹、芭蕉等植物，并辅之以草坪或其他地被植物。

（2）西方传统式。这种庭院形式一般基于文艺复兴时期的意大利庭院风格。它受到欧洲"唯理"美学思想的影响，带有很强的规则性，强调整齐、有序、均衡，等等。这与中国传统式随性自然的风格有着很大的差异，传统的中式庭院强调的是精神层面上的意境感受，而传统西式庭院更侧重于形式上的赏心悦目。

在平面布局上，这种风格的庭院强调规整的几何图案式的美，在设计时会首先确定一条轴线然后对称布局。庭院中的景观一般包括古典式喷泉、壁泉、拱廊、雕塑等典型形象。种植设计经常选用常绿植物，配以模纹绿篱等，以获得俯视时的图案美效果。

（3）日本式庭院。这种庭院形式以日本庭院风格为基础。日本写意庭院在很大程度上算是一种盆景式庭院，其代表是"枯山水"。枯山水用石块象征山峦，用白沙象征水面，只点缀着少量的灌木、苔藓或蕨类植物。

在具体应用方面，日式庭院将置石作为主景，展现自然的力量和美丽。置石的纹理水平展开，呈现出伏式置法。经常用碎石和细沙进行铺装，在步道上零散的点缀一些块石，创造一种随意飞抛的感觉。常用篱笆作为庭院的分隔墙，其上不开窗洞或花窗，显得古朴。日本式庭院一般都小巧而精致，维护起来也比较方便。

（4）现代式庭院。现代式庭院设计逐渐模糊了流派的界限，更多地关注于"人性化"设计——注重尺度的"宜人""亲人"，充分考虑现代人的生活方式，并使用现代景观材料形成鲜明的时代感，整体风格简洁明快。

现代式庭院通常种植棕榈科植物，主要将彩色花岗岩或彩色混凝土预制砖作为其铺装材料，常出现嵌草步石、汀步等形式；可以设置彩色景墙，如拉毛墙、彩色卵石墙、马赛克墙，等等；水池通常会采用自然式形状，可作为游泳池使用；喷泉在现代庭院中的地位十分重要，对这一部分的设计要丰富，强调人的参与性，并经常与灯光艺术相结合。

2.庭院道路

庭院道路是对城市道路的延续，是庭院环境的骨架和基础。它不仅需要满足人们的出行需求，而且对整个景观环境的质量产生着十分重要的影响。

庭院的道路规划是住宅区道路最复杂的道路规划。根据道路的功能要求和实践经验，住宅区道路应分为三个层次，一些大型居民区的道路可分为四个层次。

（1）居住区级道路。居住区级道路是住宅区的主干道。它首先解决了住宅区的内外交通联系的问题，其次是起到了串联住宅区内各小区的联系作用。居住区级道路应确保消防车、救护车、工程维修车、小区班车、一般车辆等的通行。按照规定，道路的红线宽度不宜小于20m，一般为20~30m，车行道宽度一般不小于9m。

（2）小区级道路。小区级道路是住宅区的次要道路。它划分和连接各住宅群，并连接社区的公共建筑和中央绿地。一些小规模住宅区可能没有小区级道路。小区级道路的宽度应允许两辆机动车对开，宽度为5至8米。红线宽度应根据具体的规划要求来确定。

（3）组团级道路。组团级道路是小区级道路的分支，是通往住宅组团内部的道路。一般主要供自行车和小汽车通行，但还需要能够满足消防车、搬家车和救护车通过。组团级道路的宽度一般为4到6米。

（4）宅前小路。宅前小路是通往各户或各单元入口的道路，是居民区道路系统的末梢。此类道路的宽度最好能够确保救护车、搬家车、小轿车和送货车到达单元门前面，因此路宽不应小于2.5米。

3.庭院绿地

庭院绿地指的是庭院里人们使用的公共绿地。它是城市绿地系统最基本的组成部分。它与人们的关系最密切，对人们的影响最大。其中，居住区绿地作为人居环境的重要因素之一，是居民生活中不可或缺的户外活动空间。它不仅创造了良好的休闲环境，还为各类活动提供了丰富的场所。单位附属绿地可以创造良好的工作环境，有利于人们的身心健康，进一步激发人们的工作和学习热情，在提升企业形象和展示企业精神面貌等方面发挥着重要的作用。

绿地的设计需要遵循以下几个原则。

（1）系统性。这意味着庭院的绿地设计应以庭院的整体规划为基础，结合周边建筑的布局和功能特点，与对人们的行为心理需求和当地文化因素的综合考虑，创造出具有独特性、多层次、多功能、序列完整的规划布局，组成一个具有整体性的系统，为人们创造一个安静、优美的生活和工作环境。

（2）亲和性。绿色空间的亲和性反映在可达性和规模上。可达性就是指无论绿地的设置是集中的还是分散地，都必须位于人们经常通过并能够顺利到达的地方。否则，不仅会使人们对绿地环境感到陌生，还会降低绿地的利用率。在所有绿色空间系统中，庭院绿化是最接近人们生活的。由于有着对土地使用的限制，这类绿地通常不可能太大，无法像城市"客厅"——广场一样开阔。因此，在绿地形状和规模的设计上，要确保其具有亲和性，达到平易近人的观赏效果。

（3）实用性。绿地的设计应注重实用性。它不仅仅是一块绿化区域，还是具有实用功能的绿色空间，这样才会对人们产生强烈的吸引力。因此，在规划绿地时，应区分不同的空间，如游戏、晨练、休息和交往，充分利用绿化来反映其区域特征，方便人们使用。此外，绿地植物的分配还应注重实用性和经济性，尽可能少用稀有名贵和难以维护的树种，主要选择适应当地气候特征的本土树种。

4.庭院小品

庭院小品可以提高人们的生活质量，提高人们的欣赏品位，促进人们的生活和学习。各种设计精巧、形式独特、造型优美的庭院小品，也可以改善环境质量。小品的设计应结合庭院空间的特点和大小、建筑的形式和风格，以及人们的文化素养和企业形象。小品的形式和内容应与环境相协调，形成一个有机的整体。因此，在设计上要遵循整体性、实用性、艺术性、趣味性和地方性的原则。庭院小品的布置规则如下。

（1）庭院出入口。庭院的入口和出口是庭院给人的第一印象，可以起到标志、分隔、警卫和装饰的作用，必须保证设计的色彩鲜亮明快、风格清新淡雅、造型精美独特，同时最好还能够体现出一定的地域文化特征。

（2）休息亭廊。几乎每个住宅区都有一个休息亭廊，大部分都可以与公共绿地相结合，为人们提供休息、遮阴和比喻的场所。亭廊的设计形式新颖独特，是庭院的重要景观小品。

（3）水景。庭院的水景有动态和静态之分。因其水流的动态效果和声音，动态水景能够为庭院增添魅力，激活空间内的氛围，增强空间的连贯性和趣味性；静态水景稳定平静，让人感到放松舒适，通过改变光源和水体倒影就可以产生很好的艺术效果。此外，住宅区的水景功能设计还要考虑到居民的参与性，特别是为儿童创造一个轻松、亲切、充满趣味性的社区环境，如流行的旱地喷泉、人工溪涧、游泳池等，都是深受居民喜爱的水景形式。

5.儿童游戏场地庭院游戏场地主要指儿童游戏场所，是居住区整体环境中最活跃的组成部分。在设计儿童游戏场地时，应注意以下几点。

（1）儿童精力充沛、活动量大，但耐久性差。因此，场地应宽敞，游戏设备应丰富。

（2）可以根据住宅区的地形变化进行设计，从而达到事半功倍的效果。例如，利用地形差异，设计下沉式或抬升式的游戏场地，形成相对独立和安静的游戏空间。

（3）孩子们在游戏时通常不会注意周围的汽车和行人，并且在设计游戏场所时要避开交通道路。

（4）游戏场所的地点应避免对周围人群的噪音干扰。可以在操场周围种植浓密的乔木和灌木，以创造一个相对封闭和独立的空间。这不仅减少了对周围人群的干扰，还有利于保证儿童的安全活动。

6.成人活动场地设计

居住区活动场地的主要功能是满足居民对娱乐、休闲、运动、健身的需要。对老年人来说，公共活动场地是进行邻里交往、娱乐活动的主要场所，因此在进行场地规划时应考虑到老人对户外活动场地的特殊需要，为其提供充足的活动空间，能够为老年人自发性活动与社会性活动创造积极条件，丰富老年人的精神生活。

（1）中心活动区。它是住宅区最大的活动场所，可分为动态活动区和静态活动区。动态活动区多为休闲广场，地面应平坦防滑，居民可以在此娱乐、运动、跳舞、练功。静态活动区应添加一些遮阳篷、亭廊、花架等绿荫空间，可供居民在此休息、聊天、下棋和进行其他娱乐活动。为了避免相互干扰，必须在动态活动区与静态活动区之间保持一定的距离。静态活动区应该允许人们观看动态活动区域中的各种活动。中心活动区可以是一个独立的区域，也可以位于公共设施和社区中心绿地附近。与附近的车道保持一定距离，以避免干扰。

（2）局部活动区。在一些规模较大的住宅区内，应设置若干个局部活动区，以满足习惯于就近活动的居民或喜欢和熟悉的邻居一起活动的居民。这些地方应设置在平坦开放的位置，其大小取决于住宅区的大小，最大可达到羽毛球场的尺寸，可以满足居民练习拳术、做操以及进行各种动态活动的需要。活动区域周围应设有遮阳和休息区，以便居民观看和休息。

（3）私密性活动区。由于居民有进行私密性活动的需求，因此有必要建立一些私密性活动区域。这种空间应该安排在一些安静的角落，而不是人们聚集的地方，还要避免主干道穿过。在私密性活动区域，通常最好使用茂密的植物遮挡视线或隔离外界，以免成为外界的视点，最好还要使人们能够观赏到美丽的风景。私密性活动区中，座椅的作用十分重要，因此，应该在座椅上多下些功夫。既可以使用常规的木质座椅，也可以将花坛边缘、台阶、矮墙等位置设计成座椅的形式。座椅应设置在景观的H处或转角处等安全感较强的地方。使每一处座椅或休息地都能够形成各自相宜的小环境。

第二节　园林景观的空间设计基础

园林景观的空间设计是一个复杂的过程。有必要从简单的空间认知入手，掌握园林空间的基本类型和界定方法。园林空间是满足人们对户外休闲和休息的需求，使用由园林设计元素，如植物、地形、水体等形式，组成的外部空间的总称，具体表现为园林中道路的空间环境。由围合、尺度、材料、纹理、质地、颜色等的不同组合创建的空间可以创造不同的体验。设计人员可以根据需求进行全面处理，实现空间的功能和质量。在设计过程中，有必要考虑空间本身的特征和内涵，并注意整个环境中各空间的相互关系。

一、空间基本要素

现代园林设计风格多样，形式和内容丰富，各种主题和元素综合表达的项目在自然环境和人居环境的各种条件下，让人们的生活丰富起来。这些形态各异的园林设计可以从空间的角度抽象地概括为点、线、面、体。这些基本的几何形状以及基于基本形式延伸的各种组合构成了园林空间。任何园林的实体元素均可概括为几种简单的基本构成元素，如点、线、面、体。这些概念不仅仅具有单纯的形态学意义，在空间中，各种几何形态都会转化为人类的视觉感受。掌握空间的构成要素，是进行园林设计美学处理的先决条件。

1.点

点是构成形态的最小单位。点排列成线，线堆积成面，面组合成体。点既没有长度也没有宽度，但可以表示空间位置。当平面上只有一个点时，人的目光会集中在那一点上。点对空间环境有着积极的影响，很容易创造出环境中的视觉焦点。例如，草丛中的雕塑、座椅、水池、凉亭甚至是孤零零的树木都可以被视为景观空间中的一个点。景观空间中的几种实体形态被视为点，完全取决于人的位置、视野以及这些实体的大小与周围环境之间的比例关系。因此，点是一种简单、随意的装饰元素，是景观设计的重要组成部分。

2.线

线是点的无限延伸，具有长度和方向性。真实空间中并没有线，线只是一个相对的概念。空间中的线性对象是有宽窄粗细之分的，之所以会被视为线条，是因为它们的长远远地超过其宽度，整体上呈线型。此外，这种线性对象不仅在表面轮廓上呈线型，还会给人一种方向感、运动感和生长感，即所谓"神以线而传，形以线而立，色以线而明"。在景观当中，可以将不同的线条概括为两类：直线和曲线。直线是最基本和使用最广泛的直线类型，给人一种刚硬、挺拔和清晰的感觉。粗线条坚固稳定，细线条锐利而脆弱。直线形态的设计，有时是为了体现一种崇高、胜利的象征，如人民英雄纪念碑、方尖碑等；有时是用来限定通透的空间，这种手法比较常用，如公园中的花架、廊柱等。

曲线具有连贯、流动、柔美的特征，相比直线，它具有更多的变化，更加灵活生动。中国园林中的景观艺术注重运用曲线，来表现园林的风格和品位，体现出遵循自然的特质。弧形和椭圆弧等几何曲线能使人们感受到规则、圆浑、轻快之感。而螺旋曲线则具有节奏性和动态性。与几何曲线不同，自由曲线看起来更加自由、自然、抒情、奔放。

线条在景观空间中广泛存在着，几乎是无处不在，如蜿蜒的河流、交织的道路，绵延的绿篱，或是直耸入云的高大建筑、装饰用的立柱、照明的灯柱，等等虽在方向和粗细上略有不同，但整体上都呈现出了线性的特征。在绿化中，线条的使用是最独特的，线条的应用是设计和加工绿化的基础。绿化中的线不仅具有装饰美，而且具有充满活力的流动美。

3.面

面是线的运动轨迹，因为它比点和线的面积更大，还具有很小的厚度，所以它具有宏大和轻盈的特征。几何面在景观空间中最为常见，如方形面简洁、大方而稳定，圆形面饱满、柔和，三角形的面稳定、庄重、坚固、有力，等等。几何形的斜面还具有方向性和动势。有机形的面是曲面，无法运用几何方法求出，它富于流动性、灵活、多变，通常由可塑性材料制成，例如拉膜结构、充气结构、塑料房屋或帐篷，等等。不规则形的面不是有序的，但它比几何形的面更自然、更有人情味，例如中国园林中的不规则水池的平面和自然发展形成的村庄布局，虽缺乏秩序，但鲜活生动而富有张力。在景观空间中，颜色、纹理、空间等设计元素都是通过面的形式反映出来的。面丰富了空间的表现力，可以吸引注意力，有三种主要的应用形式。

（1）顶面。顶面可以是蓝天白云，也可以是由浓密树冠形成的覆盖面，或者是亭、廊的顶面。它们都属于景观空间中的遮蔽面。

（2）围合面。围合面是一种在视觉、心理和使用方面限定空间或封闭空间的面。它既可以是虚拟的，也可以使真实，或是一种虚实的组合。围合面可以是垂直的墙壁、护栏，也可以是由密集种植的树木形成的树篱，或由若干个立柱沿直线排列构成的虚拟面，等等。此外，高低起伏的地势也会构成围合面。

（3）基面。景观中的基面可以是铺地、草地、水面，也可以是为景物提供的有形支撑面。基面支持着人们在空间中的活动，如走路、休息、划船等。

4.体

体由面移动形成，它不是有外部轮廓表现出来的，而是一种人们从不同角度所看到的不同形貌综合构成的几何形状。体具有长度、宽度、深度，有时是实体（由体部取代空间），有时是虚体（由面状形所围合的空间）。体的主要特征是形，形体的种类有很多，如长方体、多面体、曲面体、不规则形体，等等。体具有尺度、重感和空间感，园林中的形体多种多样，大到宫殿、巨石，宏伟、壮观，引人注目，会使人产生一种崇高敬畏之感；小到洗手钵、园灯等摆设，小巧、亲切，惹人喜爱，富有人情味。

如果将以上大小不同的形体随意缩小或放大，就会发现它们失去了原来的意义，这表明体具有特殊的作用。在景观环境中，不同的体型相互补充，具有不同的作用，既能让人们感受到空间的崇高美、壮丽宏伟，又能带给人一种亲切的美感。景观中的体可以是建筑物，也可以是树木、石块、立体水景等。它们以各种方式结合在一起，以丰富景观空间。

二、空间限定手法

景观设计是一种环境设计，或空间设计，为人们提供舒适、美观的外部娱乐、休息的场所。由于园林空间的构成和组合，获得限定空间的手法是展示景观所必需的。空间限制是使用不同的空间造型手段来划分原空间，从而创建出各种不同的空间环境。景观空间是一个由树木、花卉、植物、地形、建筑物、岩石、水域和铺砌道路组成的景观区域。常用的空间限定方法包括围合、覆盖、高差变化和地面材质变化，等等。

1.围合

围合是空间形成的基础，也是最常用的空间限定方法。室内空间被墙壁、地面和顶面包围；而室外空间是一个更大的围合体，其构成元素和结构更加复杂。景观空间中最常见的围合元素是建筑物、构筑物、植物等。由于围合元素的构成方式不同，被围合的空间形态也有着很大的差异。人们对空间的围合感是评估空间特征的重要基础。影响空间围合感的因素大致有以下几种。

（1）围合实体的封闭程度。研究表明，由于单面或四面围合导致的空间封闭程度变化很大，如果实体的围合面积大于50%，则可以形成有效的围合感。单面围合的空间围合感很弱，只有一种沿边的感受，更多的是空间划分的暗示。四面围合的围合感则相对要强很多。当然，设计还需要考虑特定的环境要求并选择适当的封闭程度。

（2）围合实体的高度。空间围合感的强弱还与围合实体的高度有关。当然，这是以人体的尺度为参照的。

以在空地的四周建墙为例，如果墙的高度为0.4米，此时，围合空间并不具备封闭性，它仅用作限制区域的暗示，人们可以轻松地跨越这种高度的围挡。在实际应用当中，这种高度的围墙适合建在休息区，可与座椅相结合使用。当墙高为0.8米时，空间的限定程度仅比前者略高一些，但对于儿童来说，封闭的感觉已经非常强烈了。因此，儿童游乐场周围的树篱高度大多为0.8米。当墙壁达到1.3米时，成年人的大部分身体都被遮盖，如果坐在墙下的椅子上，整个人都可以被遮住，私密性较强。因此，在室外环境中，该高度的树篱通常用于划分空间或用作围合独立区域。当墙的高度超过1.9米时，一般人的视线已经被完全遮挡，空间的封闭程度大大加强，区域的划分完全确定，使用这种高度的树篱可以获得相同的效果。

（3）实体高度和实体开口宽度的比值。实体高度（H）和实体开口宽度（D）的比值，在很大程度上影响了空间的围合感。当D/H＜1时，空间犹如狭长的过道，围合感很强；当D/H＝1时，空间围合感较前者弱；当D/H＞1

时，空间围合感更弱。随着D/H的比值增大，空间的封闭性也越来越差。

2.覆盖

覆盖所指的空间限定的四周是敞开的，所限定的部分是空间的顶部，通常会使用一些构件遮挡限定。例如，雨天我们所撑的雨伞下面就会形成这样一种限定空间。可以用两种方式实现覆盖限定：一种是从上方悬吊覆盖层，另一种是在覆盖层下设有支撑。例如，大草原上有大片的树木，其茂密的树冠可起到遮挡作用，其树冠以下部分就形成了这样一种限定空间。另一种设置支撑的方式在日常生活中也十分常见，比如单排式或单柱式花架，它们的顶部攀缘着茂密的植物，在顶棚下形成了一个清凉舒适的限定空间。

3.高差变化

利用高差变化来限制空间也是一种常见的做法。改变地面高度可能会提高或降低空间，形成上升空间或下沉空间。上升空间指的是水平基面在宽阔的空间内局部被抬高，被抬高的空间的边缘限定出小型的局部空间，并在视觉上使该空间与周围地面空间的分离性增强。相反，将水平基面下沉，可以划分出一定的空间范围，这种下沉空间的范围可以通过下沉的垂直平面来限定。

上升的空间具有引人注目的特点，易于集中视线、吸引人们的注意力，可以用在舞台和创建其他视觉效果上。它与周围环境之间的视觉联系程度受抬高尺度的影响。当基面抬高较低时，上升空间与原空间具有极强的整体性；当抬高高度稍低于视线高度时，可维持视觉的连续性，但空间的连续性中断；当抬高高度超过视线高度时，视觉和空间的连续性中断，整个空间被划分成两个不同的空间。

下沉空间具有内向性和保护性，如常见的下沉广场，它能形成一个和街道的喧闹相互隔离的独立空间。下沉空间就视线的连续性和空间的整体性而言，随着下降高度的增加而减弱。当下降高度超过人的视线高度时，视线的连续性和空间的整体感完全被破坏，使小空间从大空间中完全独立起来。下沉空间可借助色彩、质感和形体要素的对比处理，来表现更具目的性和个性的个体空间。

4.地面材质变化

使用不同的地面材质来限定空间，相比以上几种限定方法来说没有太多的强制性，它形成的是虚拟的空间，但这种方法得到了更广泛的应用。地面根据其材质的不同可分为软质和硬质，软质地面一般指草坪，硬质地面一般指经过铺装的地面。硬质地面坚硬、结实，可供人们在上面行走、活动。软质地面柔软、富于变化，因其受环境的影响较大，人们是否能够在上面行走具有不确定性。且两者在视觉上形成两种对比空间，在一定程度上限定了人们的活动空间，但这种限定是较为灵活的。可用于硬质路面的材料有水泥、砖块、石块、卵石等。这些材料有着丰富的图案、颜色和纹理，可以用来改变地面材质从而限定空间。

三、空间尺度比例

景观空间的设计尺度与建筑设计的尺度相同，它们都以人体为基本参照。无论是建筑还是景观空间都是为人所用地，因此在设计时必须将人作为尺度的参考标准，想象人置身其中的感受。景观环境为人们提供了户外交流的场所，人与人之间的距离决定了在相互交往时哪种渠道是最适合的交往渠道。因此，人与人之间的距离也会对景观设计的空间尺度产生一定的影响。人类学家爱德华·霍尔（EdwardHall）将人际距离概括为四种：密切距离、个人距离、社会距离和公共距离。

1.密切距离

密切距离为0到0.45米，小于个人空间，可以互相体验到对方的辐射热、气味，是一种比较亲昵的距离，但在公共场所与陌生人处于这一距离时，会感到严重不安。

2.个人距离

个人距离为0.45至1.2米，与个人空间基本相同。在这个距离内，人们进行交流的声音大小适中，多用口语交流而非肢体接触，适合亲戚、亲密的朋友或熟人之间的交往。空间环境的设计不仅要确保沟通的顺利进行，还要避免过多地侵犯到个体领域，因为，公共场所的交流往往是在彼此不认识的人之间进行的。同理，在室外环境中休息区的设计应确保每个人占据半径0.6米以上的空间。

3.社会距离

社交距离为1.2至3.6米，是邻居、朋友和同事之间的一般性谈话距离。在此范围内，人们只能做手与手的接触，已经不能进行其他的身体接触，可接收到的视觉信息没有在个人距离内详细，交谈的声高仍保持在正常水平范围内。若熟人在这一距离出现，坐着工作的人不打招呼继续工作也不算失礼；反之，若小于这一距离，则坐着工作的人不得不打招呼。

4.公共距离

公共距离为3.6到8米或更长的距离，这是演员或政治家与公众正规接触时彼此之间的距离。在这一距离上的接触无视觉细节可见，为了正确地表达意思，必须提高声音，或在必要时采用动作辅助表达。

当距离为20到25米时，人可以识别对面人的脸部。这个距离同时也是人们对这个范围内环境变化进行有效观察的基本尺度。研究表明，如果景观空间的材料、地面高度差异等要素每隔20至25米存在重复的变化，那么即使整个空间的规模很大，也不会显得过于单调。这种规模通常也被当作外部空间设计的标准。空间区域的划分和水池、雕塑等各种景观的布置都可以遵循这项标准进行。

当距离超出110m时，肉眼只能辨别出大致的人形和动作，这一尺度可作为广场尺度，能形成宽广、开阔的感觉。

日本建筑师芦原义信通过研究实体（植物、建筑、地形等空间境界物）的高度（H）和间距（D）之间的关系时发现，当实体孤立时，其周围存在着扩散性的消极空间，这个实体可被看成雕塑性的、纪念碑性的；当实体高度大于实体间距时，空间会有明显的紧迫感，封闭性很强；当实体间距大于实体高度甚至呈倍数增大时，实体之间的影响已经薄弱了，造成了空间的离散。芦原义信提出了"十分之一"理论，即为了营造同样氛围的空间环境，外部空间可采用内部空间尺寸8～10倍的尺度。因此，熟练掌握和巧妙运用这些尺度，对于景观空间设计相当重要。

四、空间设计手法

1.边界

在设计景观时，边界可以使某一部分与外界隔离，形成封闭的空间。边界越高越密集，空间的封闭性就越强。被边界包围的空间与外部世界并无太多联系，空间本身可以实现自给自足。其中，开放的边界或多或少与外界有关。开放的边界表现自然并且可以使空间看起来更宽阔，但其特质导致它们高度依赖于环境。开放的空间边界由独立个体沿着面的边线创建，并通过调整个体之间的距离与面的均匀水平和大小，以产生各种空间效果。开放的空间边界可以创造自由的独立区域与外界沟通，其关键是"缺口"的大小和个体的特性。

我们可以以各种方式创建空间，并且可以使用建筑物、墙壁、围栏、树篱等来建造统一的、固体的边界。复合边界是不同成分沿着边界线排列放置而成的，例如单株灌木、一棵树、曲折的建筑、一些户外家具（如各种用来休息的凳子等）、石头、不同形状的墙壁，等等。

2.植物

植物也可以作为边界。随着时间的推移，不同植物的生长情况有所不同，其所产生的效果也因此会有所差异。因此我们不得不考虑到时间给景物带来的变化，有些植物最初种植在场地中显得十分和谐，能够达到设计师想要的效果，但在未来的几十年甚至只是几年后，这些景物就会产生翻天覆地的变化，原本大小适中的树木长成参天大树，使本来空间布局合理的园区变得十分拥挤。因此，在设计时，设计师需要从长远来看，根据植物的类型、密度、高度、光照和阴影制定具体的、长远的设计规划，以达到植物景观的最佳效果。

整齐的树木形成规则的树顶，这样就界定了色彩较阴暗的区域。如果植物排列不够紧密，就会增加树木间的通透度，是环境从整体上看起来更加明亮，有光线及适度的透明感，这样就界定了色彩较模糊的灰色区域。如果植物被分成几组，就会产生新的空间格局。这种分组可以是不规则的，能够形成趣味性的对比。

植物排列还可以用来强化洼地，可以提升其断面，使之产生一种非常独立的空间感。在山谷的边缘种植高大的植物，在斜坡上种植低矮的植物，都能使原本陡峭的山坡看起来平坦一些。相反，当在斜坡上种植高大的植物时，地形看起来会更加陡峭。

种植植物也可以增强或削弱地形。在丘陵和山地种植树木将使它们显得更加灵活，但其实际地貌仍被保留了下来，通过树木间的缝隙就可以看到地形的本来面目。然而，在丘陵和山区种植封闭的植物组团会升高整个地形，使人难以辨别丘陵和山地的原貌。种植在山边的植物使得原本的地形在视觉上发生了变化，地形变得模糊，种植在山前的植物令地形看起来更加平坦，此时，山体本身已经不是最重要的了。

3.视觉焦点

焦点的创建基于其特征或在环境中的特殊位置。任何设计都是与现有场地的对话。例如，将墨点溅在白墙上时会非常明显。此时，这个墨点就可能成为这面白墙的焦点或将其与墙的边界联系起来。在空间当中，只有当焦点与周围环境相关时，它所产生的效果才能被观者感知。

事实上，人类感知的产生需要将各种现象联系起来，并找到其中的焦点。在环境之外是无法理解焦点的，它们的影响和特征需要相互比较才能显现，并且需要对周围的环境做一定的分析。它们在作为单独的景点时也会相互影响。焦点是我们的运动、观看和行动时的停顿点和方向，吸引我们的注意力，加强、改变或创造空间环境。

焦点的另一个特征是需要通过比较来描述它们。与其他或整体环境相比，它们更小或更大、更亮或更暗、更圆润或更有棱角，等等。与周围物体相比，焦点是特殊的，因此它会在形式的中心或边界平行线上自动生成。同样，一个自然和特殊的地形，如地貌线和河床，也会形成一个自然的焦点。

几何和形态学条件界定了强势区域外的焦点，这需要在某些环境中具有清晰、稳固、具体布置的焦点设计。焦点越远，越需要这样做，这样人们所看到的点就会自动成为焦点。只要焦点的位置仍然清晰，就能够识别周围的相关区域，对自身进行分类并与环境关联。

在设计中，如果不从现有边界或明显的参照线推断出焦点的位置，则焦点的位置可能会出现混乱。为了理解焦点在空间中的位置，必须更加强烈地突出焦点。如果焦点可以解释其位置和方向，则可以加强空间与外部世界的关联。

4.交通

交通规划和设计是园林设计的重要组成部分，在大型园林中原本没有道路的地方，因人们常常穿过某些区域而使表面的植被破坏，形成了小径。这样的小径就成了园林交通道路的原型。利用现有的、人们习惯经过的道路是我们选择路径的关键因素之一。人们倾向于绕过横亘，如果无法实现，他们就会选择高低变化较小、相对较为平稳的道路。

任何优秀的交通设计方案都要基于科学合理的目标分析，因此需要对现存的景观节点或者是必须保留的节点进行考察，然后设置道路标识，以触发视觉联系。视觉联系有助于激发游客继续前进的愿望和指引前进的方向。道路对景观的影响不是在道路本身，而是在行走移动之间景观的变化方面。设计师可以通过合理规划道路，指引游客的游览方向和观景位置，将沿途的美景逐一展现在游客的面前。道路引导着游客的视线，将游客的注意力引向景点，把景观呈现给游客，让游客品味环境的质量。

园林道路设计的功能要求是不受天气的影响。例如，下雨后的道路不能存水、不能过于湿滑，路面不宜过于陡峭或起伏太多，应适合行走。对于独特的景观，交通应控制运动区域，避免一些敏感区域，如自然保护区和茂密的植被草坪等。这对于保护当前的景观来说是非常重要的。

当人们走在路上时，良好的道路系统设计能够设置许多有趣的节点。这使他们在前往目的地的旅途中感到放松、愉悦。要尽量避免沿途出现歧路，节约游客的时间和精力。

直线道路的感知区域——能清楚感知的视觉通道为上下大约各15°，视角范围为30°～35°。这样让游客在漫无目的的行走时，会被道路上的景色与线型转换吸引，大大提高景观的效果。

曲线道路的设置切忌只关心道路本身的形式，道路的线型一定要根据实际地形和相关景观要素来确定。

五、空间的组织结构

1.空间的组织原则

人类活动的多样性导致了进行这些活动的空间的多样性。建筑物的内部空间和外部空间都受到功能、时间、环境、气候、地域文化等各方面因素的影响和限制。

功能是空间组织的核心问题。人类的活动可以大致分为居家生活、生产工作、公众活动、娱乐休闲，等等。由于形式、组织关系和组织手法的差异，不同的功能空间具有不同的个性特征和文化精神，可以帮助人们区分住宅、文化设施、广场以及其他不同的城市区域。相同的功能需求也会因为用户的不同而在功能设置方面有所差异，从而体现出不同的空间特征。

空间组织的本质意义是使空间具有一定的秩序。空间秩序有两方面的特性：一方面是物质的，即空间形态的组织特性可以用构成学原理解释。另一方面是精神的，即空间组织原则所传达的文化和心理特性。

2.空间的组合方式

园林空间很少由一个单独的空间构成，通常是由许多不同的景观空间组成的，共同构成了一个园林空间整体。因此，研究景观空间结构之间的关系非常重要。景观空间主要有六种组合方式，分别是：线式组合、集中式组合、放射式组合、包容式组合、网格式组合与组团式组合。

（1）线式组合。线式组合指的是一系列空间单元沿固定方向排列连接以形成串联式的空间结构。线式空间结构是一种系列空间结构，表现出方向性和运动感。它主要是将尺寸、形式、功能均相同的空间重复构成的，也可以将尺寸、形式、功能有所差异的空间用独立的空间组合起来。其起始空间和终止空间几乎是显而易见的。从组合形式来看，它可以采用几何曲线或自然曲线的形式。从景观空间与线的关系来看，空间结构可分为两种类型：串联空间结构和并联空间结构。

（2）集中式组合。集中式组合是指由多个次要空间围绕一个占主导地位的、大的主要空间构成的组合方式。它是一种稳定的向心空间结构。主要空间也就是中心空间，通常占很大的比例并保持主导地位；次要空间形态和规模变化主要基于不同的景观和功能要求来进行。园林中的植物草坪空间设计可以采用这种组合方式。

（3）放射式组合。放射式组合结合了线式和集中式组合的要素，其主要由具有主导性的集中空间和由此放射出的多个线性空间组成。放射式组合的中心空间必须具有一定的尺度和独特的形式，以反映其主导和中心位置。集中式组合是具有内倾性的，向内聚焦；而放射式组合则是向外延伸的，具有外倾性，并且与周围环境有机地结合。线式空间的功能和形式既可以是相同的，也可以对其做出一些改变，来强调个性。

（4）包容式组合。包容式组合是指由大空间中的多个小空间形成的视觉和空间关系。当所包容的小空间与大空间具有很大的差异时，小空间会产生强烈的吸引力并可能成为大空间中的视觉焦点。差异性越大，包容性就越强。随着小空间尺度的增加，包容性变弱。

（5）网格式组合。网格式组合的设计方法在现代园林中的运用十分广泛，是一种重复的、数字化的空间结构形式。空间构成的形式和结构关系由一个网格系统控制。这样的结构很容易形成统一的构图秩序，即使网格式组合中各部分的空间大小、形式和功能不同，它们也可以组合在一起。组合的力量来自图形的规则性和连续性，它们贯穿于组合的所有元素之中。网格系统具有出色的可识别性，并且不会因变化而失去构图的整体性。网格可以灵活调动，使空间组合更丰富，以满足不断变化的对功能和形式的需求。

（6）组团式组合。组团式组合类似于细胞的结构，是将多个具有共同朝向和近似空间形式的空间组合在一起形成的。组团式组合没有起主导作用的中心空间，空间的紧密性、向心性和规则性均被削弱。

组团式空间的特点是没有明确秩序、形式多样、空间灵活多变；缺少中心，必须通过部分空间的形式、朝向和尺度来反映结构的秩序和意义。当表现某个空间的重要地位时，可以统一空间中的一部分，有利于增强组团式空间的整体效果。

第三节 园林景观的色彩设计基础

园林景观是一个多彩的世界。在景观的多种设计元素中，色彩是最令人印象深刻的，也是最容易吸引人注意的。园林中的景观色彩作用于人类视觉器官并引起情感反应。色彩的作用是多种多样的，它能够给环境带来个性，如冷色调能够营造出宁静舒适的环境，温暖的色调则会营造出温馨的氛围。色彩可以创造一种特殊的心理联想，通过改变色彩运用的方式可以形成不同的园林景观风格。比如，西方园林中的景观色彩强烈而艳丽，风格热烈而奔放；而东方园林中的景观色彩使用则更加的简洁素朴，风格恬静淡雅、含蓄内敛。学习了解色彩的心理联想和象征意义，以科学、理性、艺术的方式将色彩运用到景观设计中，能够帮助设计者设计出色彩协调美观、符合游人心理、充满情感因素能满足人们精神需求的独具特色的园林景观作品。

色彩是光在视觉神经上发挥作用使人产生的一种感觉。不同的色彩是由于物体对波长不同的光的吸收和反射不同而产生的不同的视觉刺激结果。色彩的识别和比较通常会涉及色相、明度和纯度，也就是人们常说的"色彩三要素"。三种色彩要素的结合使园林景观华丽多彩，给人不同的视觉、情感、心理和情绪感受。色彩只能通过感知来传达情感，因此，了解人对色彩感知的特点是十分有必要的。园林中所使用的色彩组合不同所产生的视觉效果不同，人们对景观的整体感知也就不同。通过运用不同的色彩组合，可以使人在面对景观时获得不同的感受，如温暖或寒冷、热烈或平静、华丽或朴素、阴郁或明朗，等等。在景观设计中，通过对人的知觉的了解，有规划地合理地运用色彩营造出美丽、舒适的景观环境，才能得到游人的认可。

一、园林景观色彩的种类

1.自然色彩

园林景观中的山石、水体、土壤、植物、动物等的颜色及蓝天白云等都属于自然色彩。

（1）山石。山石是具有特殊色泽或形状的裸岩。山石的色彩种类很多，有灰白、润白、肉红、棕红、褐红、土红、棕黄、浅绿、青灰、棕黑等，它们都是复色，在色相、明度、纯度上与园林环境的基色——绿色都有不同程度的对比。在园林景观中巧妙利用山石，可以达到既醒目又协调的感官效果。

（2）水体。水本来无色，但能运用光源色和环境色的影响，产生不同的颜色。水的颜色与水质的洁净度也有关。水具有动感，可以反映天光行云和岸边景物，如同透过一层透明薄膜，更显旖旎动人。在园林景观设计中，对水体善加利用，如人造瀑布、喷泉、溢泉、水池、溪流等，配上各色灯光，可形成绚丽多彩的园林景观效果。

（3）土壤。土壤颜色的形成较为复杂，通常有黑色、白色、红色、黄色、青色等类别，或者介于这些颜色之间。土壤在园林景观设计中绝大部分被植被、建筑所覆盖，仅有少部分裸露在外。裸露的土壤如土质园路、空地、树下的土壤等，也是园林景观色彩的构成部分。

（4）植物。园林景观色彩主要来自植物，植物的绿色是园林景观色彩的基色。植物的叶、花、果、干的色彩众多，同时又有季相变化，是营造园林景观艺术美的重要表现素材。在叶、花、果、干四个部位，应最先考虑安排叶色，因为它在一年中维持的时间较长，也较稳定。常绿树叶浓密厚重，一般认为过多种植会带来阴森、颓丧、悲哀的气氛。很多落叶树的叶子在阳光透射下形成光影闪烁、斑驳陆离的效果，落叶呈现的嫩黄色显得活泼轻快，可成为园林景观中的一景。园林景观植物配置要尽量避免一季开花、一季萧瑟、一枯一荣的现象，应该分层排列或与宿根花卉合理配置，或自由混栽不同花期，以弥补各自的不足。

（5）动物。园林景观中的动物色彩，如鱼翔浅底、鸳鸯戏水、白毛浮绿水、鸟儿漫步采食，不仅形象生动，而且可以给园林景观环境增添生机。动物本身的色彩较稳定，但它们在园林景现中的位置无法固定，任其自由活动，可以活跃景色，增加园林景观的生气。

2.人工色彩

园林景观设计中还有一类色彩构景要素，如建筑物、构筑物、道路、广场、雕像、园林小品、灯具、座椅等的色彩，均属于人工色彩。这类色彩在园林景观设计中所占比重不大，但其地位举足轻重。在园林景观中，主题建筑物的色彩、造型和位置相结合，能起到画龙点睛的作用，其中，尤以色彩最令人瞩目，能起到装饰和锦上添花的作用。

二、园林景观的配色艺术

当园林景观构图已经形成，色彩的搭配应用上主要以色相为依据，辅以明度、纯度、色调的变化进行艺术处理。首先依据主题思想、内容特点、构想效果，特别是表现因素等，决定主色或重点色是冷色还是暖色，是华丽色还是朴素色，是兴奋色还是冷静色，是柔和色还是强烈色等。之后根据需要，按照同类色相、邻近色相、对比色相以及多色相的配色方案，以达到不同的配色效果。

1.同类色相配色

对于相同色相的颜色，主要靠明度的深浅变化来进行色彩搭配，给人以稳定、柔和、统一、幽雅、朴素的感觉。园林景观的空间是由多色彩构成的，不存在单色的园林景观，但不同的风景小品，如花坛、花带或花地内，只种植同一色相的花卉。当盛花期到来时，绿叶被花朵湮没，其会比多色花坛或花带更引人注目。成片的绿地，道路两旁的郁金香，田野里出现的大面积的油菜花，枫树成熟时的漫山红遍，当这些颜色大面积出现时，所呈现的景象十分壮观，令人赞叹。在同色相配色中，如果色彩明度差太小，会使色彩效果显得单调、呆滞，并产生阴沉、不调和的感觉。所以，只有在明度、纯度变化上做长距离配置，才会有活泼的感觉，富于情趣。

2.邻近色相配色

将色环上的邻近色相配，可得到类似且调和的颜色，如红与橙、黄与绿。一般情况下，大部分邻近色的配色效果都给人以和谐、甘美、清雅的享受，很容易使人产生柔和、浪漫、唯美、共鸣和文质彬彬的视觉感受。例如，花卉中的半枝莲，在盛花期有红、洋红、黄、金黄、金红以及白色等花色，异常艳丽，却又十分协调。观叶植物叶色变化丰富，多为邻近色，利用其深浅明暗的色调，可以组成细致调和、有深厚意境的景观。在园林景观设计中，邻近色的处理与大量应用，富于变化，能使不同环境之间的色彩自然过渡，容易取得协调生动的景观效果。

3.对比色相配色

对比色颜色差异大，能产生强烈的对比，易使环境产生明显、华丽、明朗、爽快、活跃的效果，强调环境的表现力和动态感。如果对比色都属于高纯度的颜色，对比会显得非常强烈，使人有种不舒服、不和谐的感觉，因而在园林景观设计中应用不多。人们大多选用邻近色对比，用明度和纯度加以调和，缓解其强烈的冲突。在同一园林景观空间里，对比应有主次之分，这样能协调整体的视觉感受，并突出色彩带给人的视觉冲击。例如，万绿丛中一点红，就比相等面积的绿或红更能给人以美感。对比色的处理在植物配置中最典型的例子是：桃红柳绿、绿叶红花，能取得明快而烂漫的对比效果。对比色也常用于要求提高游人注意力和给游人以深刻印象的场合。有时为了强调重点，常运用对比色，这样会使主次分明，效果显著。

4.多色相配色

园林景观空间是多彩的世界，多色相配色在园林景观中应用比较广泛。多色处理的典型是色块的镶嵌应用，即将大小不同的色块镶嵌起来，如将暗绿色的密林、黄绿色的草坪、金黄色的花地、红白相间的花坛和闪光的水面等组织在一起。将不同色彩的植物镶嵌在草坪、护坡、花坛中，都能起到良好的效果。渐层也是多色处理的一种常用方法，即某一色相由浅到深、由明到暗或相反的变化，给人以柔和、宁静的感受，或由一种色相逐渐转变为另一种色相，甚至转变为对比色相，显得既调和又生动。在具体配色时，应把色相变化过程划分成若干色阶,取其相间1～2个色阶的颜色搭配在一起。不宜取相隔太近或太远的,太近了渐层不明显,太远了又会失去渐层的意义。渐层配色方法适用于园林景观中的花坛布置、建筑以及园林景观的空间色彩转换。多色处理极富变化,要根据园林景观本身的性质、环境和要求进行艺术配置,尤以植物的配置最为重要。营造花期不尽相同而又有季相变化的景观,可利用牡丹、棣棠、木槿、月季、锦带花、黄刺玫等;营造春华秋实景观,可利用玫瑰、牡丹、金银木、香荚迷等;营造四季花景,可利用广玉兰与牡丹、山茶、荷花、睡莲等,会达到春天牡丹怒放、炎夏荷花盛开、仲夏玉兰飘香、隆冬山茶吐艳的迷人效果。在植物选择上,或雄伟挺拔,或姿态优美,或绚丽多彩,或有芳香艳美的花朵,或有秀丽的叶形,或具艳丽奇特的果实,或四季常青,观赏特色各不相同,既有乔木又有灌木、草本类,既有花木类又有果木类,既要考虑色彩的协调,又要注意不同时令的衔接。

三、园林景观色彩构图法则

1.均衡性法则

均衡性法则是指由多种园林景观色彩所形成的一种视觉和心理上的平衡感与稳定感,让色彩在感觉上有生命、有律动、有呼应的协调的动态平衡。均衡与园林景观色彩的许多特性有着很大的关系,如色相的比较、面积的大小、位置的远近、明度的高低、纯度的变化等,都是求得均衡的重要条件。

2.律动的法则

律动的特性是有方向性、有动感、有顺序、有组织,景循境出,能让人看到有序的变化,使人感到生机,从而激发游兴。

3.强调的法则

园林景观或其某一局部,必然有一主题或重心,如"万绿丛中一点红",就能够突出表现"红"。主题或重心的表现是园林景观设计的精髓,主题必须鲜明,起到主导作用,陪衬的背景不可喧宾夺主。

4.比例的法则

园林景观色彩各部分的比例关系,也是构图要考虑的重要因素。例如,色相、冷暖、面积、明度、纯度等的搭配，保持一定的比例可以给人一种舒服、协调的美感。

5.反复的法则

反复是将同样的色彩重复使用，以达到强调和加深印象的作用。反复可以是单一色彩，也可以是组合方式或系统方式变化的反复，以避免构图出现单调、呆滞的效果。色彩的反复可以在广场、草地等大面积或较长的绿化带上应用。

6.渐进或晕退的法则

渐进是将色彩的纯度、明度、色相等按比例逐渐变化，使色彩呈现一系列的秩序性延展，呈现出流动的韵律美感，轻柔而典雅。晕退则是把色彩的浓度、明度、纯度或色相做均匀的晕染而推进色彩的变化，与渐进有异曲同工之妙。渐进或晕退可用于广场、道路景观、建筑物、花卉摆放等。

四、园林景观构图要考虑的主要因素

1.园林景观的性质、环境和景观要求

具有不同性质、环境和景观要求的园林，在色彩的应用上是不同的，要呈现出不同的特色，只有将三者巧妙结合，方能达到和谐与完美。这个特色主要是通过景物的布置和色彩的表现来实现的。在进行园林景观色彩构图时，必须将两者结合起来考虑。公园类园林景观设计，应以自然景观为主，基本色彩多为淡雅而自然的色调，不用或少用对比强烈的色彩。所用色彩素材主要是天然色彩材料。陵园类园林景观则要显得庄重、肃穆，布局方式较为规整，普遍栽植常绿的针叶树，色彩的应用上要突出表现陵墓的悲情、沉重感。街道、居民小区的园林绿化，在种植绿色植物改善环境的同时，还要考虑到人们休闲、娱乐的需求，应用能营造轻松、明快、和谐、洁净、安逸、柔美等视觉效果的配色方案。

2.游客对象

不同情况下，人们的心理需求是不同的。在寒冷的地方，暖色调能使人感到温暖，在喜庆的节日和文化活动、娱乐场所也宜用暖色调，使人感到喜庆和兴奋。冷色调能使人感到清爽而宁静，在炎热的地方，人们喜欢冷色调，在宁静的环境中也宜用冷色调。在园林景观设计中，既要有热烈欢快的场所，又要有幽深安静的环境，以满足游人的不同心理需求，使空间富于动静变化。

3.确定主调、基调和配调

因游人在园林景观中处于动态观赏的状态，景物需要不断变化，在色彩上应找出贯穿在变换的景物中的主体色调，以便使整个园林景物统一起来。所以，在园林景观的色彩构图中，要确定主调、基调和配调。主调、基调一般贯穿整个园林景观空间，配调则有一定变化；主调要突出，基调、配调则起烘云托月、相得益彰的作用；基调取决于自然，地面一般以植被的绿色为基调。在构图中，重要的是选择主色调和配色调。主调因所选对象不同，有的色彩基本不变，如武夷山的"丹霞赤壁"、云南的"石林"等无生命的山石、建筑物，不会或很少发生变化；而有生命的植物色彩，如花、叶、果等往往随着季相变化而变化。配调对主调起陪衬或烘托的作用，因而对于色彩的配调主要从两方面考虑：用邻近色从正面强调主色调，对主色调起辅助作用；用对比色从反面衬托主色调，使主色调由于对比而得到加强。

五、园林景观色彩设计的特殊性

不同于建筑、服装、工业产品等的色彩设计，植物是园林景观设计的主要造景元素，所以大部分园林景观，尤其是城市公园、绿地，都以绿色为基调色，建筑、小品、铺装、水体等景观元素的色彩是作为点缀色而出现的。但在一些以硬质铺装为主的广场和主要的休息活动场地，铺装、水体、建筑、小品等所承载的色彩在园林景观色彩构成中发挥着主要作用，植物色彩的作用则退居其次。不管是以绿色为主基调，还是以其他颜色为主基调，园林景观色彩设计都要遵循色彩学的基本原理，运用色彩的对比和调和规律，以创造和谐、优美的色彩为目标。

第四节　园林景观布局

一、布局的形式

园林景观尽管内容丰富，形式多样，风格各异，但就其布局形式而言，不外乎四种类型，即规则对称式与自然式，以及由此派生出来的规则不对称式和混合式。

1.规则对称式

规则对称式布局强调整齐、对称和均衡，有明显的主轴线，在主轴线两边的布置是对称的，因而要求地势平坦，若是坡地，需要修筑成有规律的阶梯状台地；建筑应采用对称式，布局严谨；各种广场、水体轮廓多采用几何形状，水体驳岸严正，并以壁泉、瀑布、喷泉为主；道路系统一般由直线或有轨迹可循的曲线构成；植物配置强调成行等距离排列或做有规律的简单重复，对植物材料也强调人工整形，修剪成各种几何图形；花坛布置以图案式为主，或组成大规模的花坛群。

规则式的园林景观设计，以意大利台地园和法国宫廷园为代表，给人以整洁明快和富丽堂皇的感觉。遗憾的是它缺乏自然美，一目了然，欠含蓄。

2.规则不对称式

规则不对称式布局的特点是绿地的构图是有规则的，即所有的线条都有轨迹可循，但没有对称轴线，所以布局比较自由灵活。林木的配置变化较多，不强调造型，从而使绿地空间有一定的层次和深度。这种类型较适用于街头、街旁以及街心块状绿地。

3.自然式

自然式构图没有明显的主轴线，其曲线也无轨迹可循；地形起伏富于变化，广场和水岸的外缘轮廓线与道路曲线自由灵活；对建筑物的造型和建筑布局不强调对称，善于与地形结合；植物配置没有固定的株行距，充分利用树木自由生长的姿态，不强求造型；在充分掌握植物生物学特性的基础上，可以将不同品种的植物配置在一起，以自然界植物生态群落为蓝本，构成生动活泼的自然景观。自然式园林景观在世界上以中国的山水园与英国式的风致园为代表。

4.混合式

混合式园林景观设计综合了规则对称式与自然式两种类型的特点，把它们有机地结合起来。这种形式应用于现代园林景观设计中，既可发挥自然式园林布局设计的传统手法，又能吸取西洋整齐式布局的优点，创造出既整齐明朗、色彩鲜艳的规则式部分，又丰富多彩、变化无穷的自然式部分。其手法是在较大的现代园林景观建筑周围或构图中心，运用规则式布局；在远离主要建筑物的部分，采用自然式布局。因为规则式布局易与建筑的几何轮廓线相协调，且较宽广明朗，然后利用地形的变化和植物的配置逐渐向自然式过渡。这种类型在现代园林景观中应用非常广泛。实际上，大部分园林景观都有规则部分和自然部分，只是两者所占比重不同。

在进行园林景观设计时，选用何种类型不能单凭设计者的主观意愿，而要考虑功能要求和客观可能性。例如，一块处于闹市区的街头绿地，不仅要满足附近居民早晚健身的要求，还要考虑过往行人在此做短暂逗留的需要，则宜用规则不对称式；绿地若位于大型公共建筑物前，则可做规则对称式布局；绿地位于具有自然山水地貌的城郊，则宜用自然式；地形较平坦，周围自然风景较秀丽，则可采用混合式。同时，影响规划形式的不仅有绿地周围的环境条件，还有经济条件和技术条件。环境条件包括的内容很多，有周围建筑物的性质、造型、交通、居民情况等；经济条件包括投资和物质来源；技术条件指的是技术力量和艺术水平。对于一块绿地应该采用何种类型设计，必须对这些因素进行综合考量。

二、布局的基本规律

清代布颜图所著的《画学心法问答》，论及布局要"意在笔先"。"铺成大地，创造山川，其远近高卑，曲折深浅，皆令各得其势而不背，则格制定矣。然后相其地势之情形，可置树木处则置树木，可置屋宇处则置屋宇，可通入径处则置道路，可通旅行处则置桥梁，无不顺适其情，克全其理。"园林景观设计布局与此论点极为相似，造园亦应该先设计地形，然后再安排树木、建筑和道路等。

画山水画与造园虽理论相通，但园林景观设计毕竟是一个游赏空间，应有其自身的规律。园林景观绿地类型很多，有公共绿地、街坊绿地、专用绿地、道路绿地、防护绿地和风景游览绿地等。这些类型由于性质不同，功能要求亦不尽相同。以公园来说，就有文化休息公园、动物园、植物园、森林公园、科学公园、纪念性公园、古迹公园、雕塑公园、儿童公园、盲人公园以及一些专类性花园，如兰圃、蔷薇园、牡丹园、芍药园等。显然，由于这些类型公园的性质不同，功能要求必然会有差异，再加上各种绿地的环境、地形地貌不同，园林景观绿地的规划设计很少能出现两块相同的情况。"园以景胜，景以园异。"园林景观绿地的规划设计不能像建筑那样弄典型设计，供各地套用，必须因地制宜，因情制宜。因此，园林景观绿地的规划设计可谓千变万化，但即使变化无穷，总有一定之轨，这个"轨"便是客观规律。

1.明确绿地性质并确定主题或主体的位置绿地性质一经明确，也就意味着主题的确定。主题与主体的意义是一致的，主题必寓于主体之中。以花港观鱼公园为例，花港观鱼公园顾名思义，以鱼为主题，花港则是构成观鱼的环境，也就是说，不是在别的什么环境观鱼，而是在花港这一特定环境中观鱼。正因为在花港观鱼，才产生"花著鱼身，鱼嘬花"的意境，这与在玉泉观鱼不相同。所以，花港观鱼部分就成为公园构图的主体部分。同理，曲院风荷公园的主题为荷，荷花处处都有，所不同的是其环境，不是在别的什么地方欣赏荷花，而是在曲院这个特定的环境中观荷，则更富诗情画意。荷池就成为这个公园的主体，主题荷花寓于主体之中。主题必寓于主体之中是常规，当然也有例外，如保俶塔的位置虽不在西湖这个主体之中，但它却成为西湖风景区的主景和标志。

主题是根据绿地的性质来确定的，不同性质的绿地，其主题也不一样。例如，上海鲁迅公园是以鲁迅的衣冠冢为主题的，北京颐和园是以万寿山上的佛香阁建筑群为主题的，北海公园是以白塔山为主题的。主题是园林景观绿地规划设计思想及内容的集中表现，整个构图从整体到局部都应围绕这个主题做文章。主题一经明确，就要考虑它在绿地中的位置以及它的表现形式。如果绿地以山景为主体，可以考虑把主题放在山上；如果以水景为主体，可以考虑把主题放在水中；如果以大草坪为主体，可以考虑放在草坪中心的位置。一般较为严肃的主题，如烈士纪念碑或主雕，可以放在绿地轴线的端点或主副轴线的交点上（如长沙烈士公园纪念塔）。

主体与主题确定之后，还要根据功能与景观要求划出若干个分区，每个分区应有其主体中心。但局部的主体中心应服从于全园的构园中心，不能喧宾夺主，只能起陪衬与烘托作用。

2.确定出入口的位置

绿地出入口是绿地道路系统的起点与终点。特别是公园绿地，它不同于其他公共绿地，为了便于养护管理和增加经济收益，现阶段，我国公园大部分是封闭型的，必须有明确的出入口。公园的出入口可以有几个，这取决于公园面积大小和附近居民活动方便与否。主要出入口应设在与外界交通联系方便的地方，并且要有足够面积的广场，以缓冲人流和车辆。同时，附近还应将足够的空旷处作为停车场。次要出入口，是为方便附近居民在短时间内可步行到达而设的，因此大多设在居民区附近，还可设在便于集散人流而不致对其他安静地区有所干扰的体育活动区和露天舞场的附近。此外，还有园务出入口。交通广场、路旁和街头等处的块状绿地，也应设有多个出入口，便于绿地与外界联系和通行方便。

3.功能分区

由于绿地性质不同，其功能分区必然相异，现举例说明。

文化休闲公园的功能分区和建筑布局公园中的休闲活动，大致可分为动与静两大类。园林景观设计的目的之一就是为这两类休闲活动创造优越的条件，安静休闲在公园活动中应是主导方面，满足人们休息、呼吸新鲜空气、欣赏美丽风景的需求；调节精神、消除疲劳是公园的基本任务，也是城市其他用地难以代替的。公园，空气新鲜，阳光充足，环境优美，再加上有众多的植物群，因而被称为城市的"天窗"。作为安静休闲部分，在公园中所占面积最大，分布也最广，将丰富多彩的植被与湖山结合起来，构成大面积风景优美的绿地，包括山上、水边、林地、草地、各种专类性花园、药用植物区以及经济植物区等。结合安静休闲，为了挡烈日、避风雨和赏景而设的园林景观建筑，如在山上设楼台以供远眺，在路旁设亭以供游憩，在水边设榭以供凭栏观鱼，在湖边僻静处设钓鱼台以供垂钓，沿水边设计长廊进行廊游，房接花架做室内向外的延伸，设茶楼以品茗。游人可以在林中散步、坐赏牡丹、静卧草坪、闻花香、听鸟语、送晚霞、迎日出、饱餐秀色。总之，在这儿能尽情享受居住环境中所享受不到的园林景观美、自然美。

　　公园中以动为主的休闲活动，内容也十分丰富，大致可分为四类，即文艺、体育、游乐以及儿童活动等。文艺活动有跳舞、音乐欣赏，还有书画、摄影、雕刻、盆景以及花卉等展览；体育活动诸如棋艺、高尔夫球、棒球、网球、羽毛球、航模和船模等比赛活动；游乐活动更是名目繁多。对上述众多活动项目，在规划中取其相近的集中起来，以便管理。同时，还要根据不同性质活动的要求，选择或创造适宜的环境条件。例如，棋艺虽然属于体育项目，但它需要在安静环境中进行。又如，书画展览、摄影展览、盆景以及插花展览等各种展览活动，亦需要在环境幽美的展览室中进行，还有各种游乐活动亦需要乔灌木及花草将其分隔开来，避免互相干扰。总之，凡在公园中进行的一切活动，都应有别于在城市其他地方进行的活动，最大的区别就在于公园有绿化完善的环境。在公园进行各项活动，有助于休息，陶冶心情，使人精神焕发。此外，凡是活动频繁的、游人密度较大的项目及儿童活动部分，均宜设在出入口附近，便于集散人群。

　　公园中的经营管理部分包括公园办公室、圃地、车库、仓库和公园派出所等。公园办公室应设在离公园主要出入口不远的园内，或为了方便与外界联系，也可设在园外，以不影响执行公园管理工作的适当地点为宜。其他设施一般布置在园内的一角，不被游人穿行，并设有专用出入口。

　　以上列举的功能分区，要根据绿地面积大小、绿地在城市中所处的位置、群众要求以及当地已有文体设施的情况来确定。如果附近已有单独的游乐场、文化宫、体育场或俱乐部等，则在公园中就无须再安排相类似的活动项目。

总之，公园内动与静的各种活动的安排，都必须结合公园的自然和环境条件进行，并利用地形和树木进行合理分隔，避免互相干扰。但动与静的活动很难全然分开。例如，在风景林内设有大小不同的空间，这些空间可以用作日光浴场、太极拳练习场等，亦可用来开展集体活动，静中有动，动而不杂，能保持相对安静。又如，湖和山都是宁静部分，但当人们开展爬山和划船比赛活动时，宁静暂时被打破，待活动结束，又复归平静，即使活动量很大的游乐活动，也宜在绿化完善的环境中进行，使活动渗透着一种宁谧，让游人的心情得到放松。所以，对于功能分区来说，儿童游戏部分、各种球类活动以及园务管理部分是必要的，其他活动可以穿插在各种绿地空间之内，动的休闲和静的休闲并不需要有明确的分区界限。

4.景色分区

凡具有游赏价值的风景及历史文物，并能独自成为一个单元的景域称为景点。

景点是构成绿地的基本单元。一般园林景观绿地均由若干个景点组成一个景区，再由若干个景区组成风景名胜区，又由若干个风景名胜区构成风景群落。

北京圆明园内大小景点有40个，承德避暑山庄内景点有72个。景点可大可小，较大者，如西湖十景中的曲院风荷、花港观鱼、柳浪闻莺、三潭印月等，是由地形地貌、山石、水体、建筑以及植被等组成的一个比较完整而富于变化的、可供游赏的空间景域；而较小者，如雷峰夕照、秋瑾墓、断桥残雪、双峰插云、放鹤亭等，可由一亭、一塔、一树、一泉、一峰、一墓组成。

景区为风景规划的分级概念，不是每一个园林景观绿地都有，要视绿地的性质和规模而定。把比较集中的景点用道路联系起来，构成一个景区。在景区以外还存在着独立的景点，这是自然现象。作为一个名胜区或大型公园，都应具有几个不同特色的景区，即景色分区，它是绿地布局的重要内容。景色分区有时也能与功能分区结合起来。例如，杭州市的花港观鱼公园，充分利用原有地形特点，恢复和发展历史形成的景观特点组成鱼池古迹、红鱼池、大草坪、密林区、牡丹园、新花港六个景区。鱼池古迹为花港观鱼旧址，游人在此可以怀旧，做今昔对比；红鱼池供观鱼取乐；花港的雪松大草坪不仅为游人了提供气魄非凡的视景空间，也为游人提供了开展集体活动的场所；密林区有贯通西里湖和小南湖的新花港水体，港岸自然曲折，两岸花木锦簇、芳草如茵，既起到了空间隔离作用，又为游人提供了一个秀丽娴雅的休息场所；牡丹园是欣赏牡丹的佳处；新花港区有茶室，是品茗坐赏湖山景色的佳处。然而，景色分区往往比功能分区更加深入细致，要达到步移景异、移步换景的效果。各景色分区虽然具有相对独立性，但在内容安排上要有主次，在景观上要相互烘托和互相渗透，在两个相邻景观空间之间要留有过渡空间，以供景色转换，这在艺术上称为渐变。处理园中园则例外，因为在传统习惯上，园中园为园墙高筑的闭合空间，园内景观设计自成体系，不存在过渡问题，这就是艺术上的急转手法在园林景观设计中的体现。

三、风景序列、导游线和风景视线

1.风景序列

凡是在实践中开展的艺术，都有开始到结束的全部过程，在这个过程中，要有曲折变化，有高潮，否则平淡无奇。无论文章、音乐还是戏剧，都需要遵循这个规律，园林景观风景的展示也不能例外，通常有起景、高潮和结景的序列变化，其中以高潮为主景，以起景为序幕，以结景为尾声。尾声应有余音未了之意，起景和结景都是为了强调主景而设的。园林景观风景的展示，有些采用主景与结景合二为一的序列，如德国柏林苏军纪念碑，当出现主景时，序列亦宣告结束，这样使得园林景观绿地设计的思想性更为集中，游人因此产生的感觉也更为强烈。北京颐和园在起结的艺术处理上达到了很高的成就。游人从东宫门入内，通过两个封闭院落，未见有半点消息。直到绕过仁寿殿后面的假山，顿时豁然开朗，偌大的昆明湖、万寿山、玉泉山、西山诸风景以万马奔腾之势涌入眼底，到了全园制高点佛香阁，居高临下，山水如画，昆明湖辽阔无边，这个起和结达到了"起如奔马绝尘，须勒得住而又有住而不住之势；一结如众流归海，要收得尽而又有尽而不尽之意"（《东庄论画》）的艺术境界，令人叹为观止。

总之，园林景观风景序列的展现，虽有一定规律可循，但不能程式化，要有创新。只有别出心裁，富有艺术魅力，方能引人入胜。

园林景观风景展示序列与看戏剧有相同之处，也有不同之处。相同之处是，都有起始、展开、曲折、高潮以及尾声等结构处理；不同之处是，看戏剧需一幕幕地往下看，不可能出现倒看戏的现象，但倒游园的情况是经常发生的。因为大型园林景观至少有两个以上的出入口，任何一个入口都可成为游园的起点。所以，在组织景点和景区时，一定要考虑这一情况。在组织导游路线时，要与园林景观绿地的景点、景区配合得宜，为风景展示创造良好条件，这对提高园林景观设计构图的艺术效果极为重要。

2.导游线

导游线也可称为游览路线，它是连接各个风景区和风景点的纽带。风景点内的线路也有导游作用。导游线与交通路线不完全相同，它自然要解决交通问题，但主要是组织游人游览风景，使游人能按照风景序列的展现，游览各个景点和景区。导游线的安排决定于风景序列的展现手法。风景序列展现手法有以下三种。

（1）开门见山，众景先给予游者以开阔明朗、气势宏伟之感，法国凡尔赛公园、意大利的台地园以及我国南京中山陵园，均运用了此种手法。

（2）深藏不露、出其不意，使游者能产生柳暗花明的意境，如苏州留园、北京颐和园、昆明西山的华亭寺以及四川青城山寺庙建筑群，皆为深藏不露的典型。

（3）忽隐忽现入门便能遥见主景，但可望而不可即。例如，苏州虎丘风景区即采用这种手法，主景在导游线上时隐时现，始终在前方引导，当游人终于到达主景所在地时，已经完成全园风景点或区的游览任务。

3.风景视线

园林景观绿地有了良好的导游线还不够，还须开辟良好的风景视线，给人以良好的视角和视域，只有这样才能使人获得最佳的风景画面和意境感受。综上所述，风景序列、导游线和风景视线三者之间具有密不可分、互为补充的关系。三者组织得好坏，直接关系到园林景观设计整体结构的全局和能否充分发挥园林景观艺术整体的效果，必须予以足够重视。

第五节　园林景观设计步骤

一、调查收集资料

设计前的调查十分重要，它是设计的依据。设计对要仔细研究调查资料。调查的步骤如下。

1.实地调查

包括地势环境、自然环境、植物环境、建筑环境、周边环境等，对现场哪些是该保留的部分、哪些是要遮挡的部分等进行初步认定和大致设想。同时，进行测量、拍照，做现场草图。

2.收集资料收集有关地方特色、传统文脉、地方文化等等方面的资料。

3.根据调查，分析定位收集资料后，对资料进行分析，与投资方交流磋商，求得共识之后进行设计定位，确定公园的主题内容。

二、进行概念性设计

设计定位后，在调查的基础上开始进行整体规划，在公园总平面图上对公园面积空间初步进行合理的布局和划分，勾画草图设计第一稿。

1.功能区域规划分析图

功能区域规划分析图的内容包括公园内功能区域的合理划分和大致分布。在设计分析图时，要围绕公园内的主题，对中心活动区域、休息区域、观赏区域、花园绿地、山石水景、车道步道等进行大致规划设计。然后在大的规划图中分别画不同种类的分析图，如功能区域分析图、道路分析图、视点分析图、景观节点分析图等，同时还可弥补大规划图的不足。

2.景观建筑分布规划图

景观建筑分布规划图的内容包括桥、廊、亭、架等的面积、大小、位置。在构思平面的同时，要设计出大体建筑造型式样草图，包括效果图、立面图。

3.植物绿地的配置图

凡是公园都少不了植物绿地，对于植物绿地的面积划分、布局以及关键处的植物类型的指定，在规划时都要大致有个整体配置草图，体现植物绿化面积在公园中所占的比例，突出自然风景。

4.设计说明

设计说明一般是在设计理念确定后，在设计前调查分析的基础上撰写的设计思考，解决设计中的诸多问题及设计过程都是撰写设计说明的有力依据。撰写设计说明不是说大话、说漂亮话，而是实实在在写解决问题的巧妙方法，写执行设计理念的过程，写如何体现方案的优越性，充分表现出设计中的精彩之处。在撰写设计说明时，要写出设计的科学规划与合情合理的设计布局，总结设计构思、创意、表现过程，突出公园设计主题以及功能等要素，阐明公园设计的必要性。

三、设计正式图纸

总规划方案基本通过后，需要对方案进行修改、细化和深入设计。

总规划图的细化设计

总规划图仅仅是大概念图，具体还需要分几块来细化完成。一般图纸比例尺在1∶100、1∶200以下制图为宜，比例尺太大无法细化。图纸是表达设计意图的基本方式，因此，图纸的准确性是实现设计的唯一途径。细化图纸是在严格的尺寸下进行的，否则设计方案无法实现。

2.局部图的具体设计

局部详细图是在原图纸中再次局部放大制作的，目的是更加清晰明了地表现设计中的细小部分。

3.立面图、剖面图、效果图的制作与设计

平面图只能表现设计的平面布局，而公园设计是在三维空间中的设计，长、宽、高以及深度的尺寸必须靠正投影的方式画出不同角度的正视、左右侧视、后视的立面图。因此，应在平面图的基础上制作立面图。在设计中，当需要对一些特殊的情况加以说明时，则要绘制剖面图。例如，高低层面不同、阶层材质不同、上下层关系、植物高低层面的配置等，都需要借助剖面图来表达和说明。而效果图主要表现立体空间的透视效果，根据设计者的设计意图选择透视角度。如果想实现实地观看的视觉感，则以人的视觉角度用一点透视来画效果图。其效果图因视觉范围较小，表现的视角内的景物很有限。如果想表现较大、较完整的设计场面，一般采用鸟瞰透视的效果图画法。这要根据设计者的具体设计意图来决定。

4.材料使用一览表

设计中选用材料是需要精心考虑的。使用不同的材料，实际效果也会完全不一样。但无论用什么材料，都必须进行统计，制作一张明细表，也就是材料使用一览表。在有预算的情况下，还必须考虑到使用材料的价格问题，合理使用经费。使用材料一览表一般要与平面图纸配套，平面图上的图形符号与表中的图像符号相一致。这样可以清晰地看到符号代表哪些材料及其使用情况，统计使用的材料可通过一览表的内容做预算。材料使用一览表可以分类制作，如植物使用一览表、园林材料使用一览表、公共设施使用一览表等。也可混合制作在一起。但原则上是平面图纸上的符号与使用材料一览表配套使用，图中符号必须一致。

四、设计制作施工图纸

设计正式方案通过，一旦确定施工，图纸一般要做放样处理，变成施工图纸。施工图纸的功能就是让设计方案得到具体实施。

1.放样设计

图纸放样一般用3m×3m或5m×5m的方格进行放样，可根据图形和实地面积的复杂与简单来定方格大小、位置。有的小面积设计，且参照物又很明确的，则无须打格放样，有尺寸图就行。放样设计没有固定标准格式，主要以便于指导施工现场定点放样为准，方便施工就行。

2.施工图纸的具体化设计

施工图内容有很多，如河床、小溪、阶梯、花坛、墙体、桥体、道路等的建造方法，以及公共设施的安装基础图样、植物的栽植要求等。

3.公共设施配置图

在调查的基础上合理预测使用人数，配置合理的公共设施，是人性化设计的具体体现，如垃圾箱放置在什么地方利用率高、使用方便；路灯高度与灯距的设置距离多长才是最经济、最实用的距离。这都是围绕人使用方便的角度考虑的，不可随意配置。胡乱地配置是一种浪费而不负责的行为，我们应该尊重客观事实，合理配置，配置位置应按照实际比例画在平面图上。

公共设施不一定是设计师本人设计，可以选择各厂家的样本材料进行挑选。选择样品时要注意与设计的公园环境的统一性，切忌同一功能设施选用各种各样的造型设施。比如选择各种各样造型的垃圾桶，放置在一个公园内，则会使人感到垃圾桶造型在公园中大汇集，严重破坏环境的整体感。

五、绘图表现

近年来，我国计算机行业的发展非常迅速，大量的手绘制图被电脑所代替，但在国外，很多设计师仍然留恋手绘方式。在现代计算机绘图中，保留传统的绘画方式自然有其道理，我们应该学会扬长避短，发挥其优势。一般而言，计算机制图省时不省工，它必须在严密的数据之下操作，在很短时间内制作图纸不如手绘快。

手绘图纸利于构思、构图、出效果。手绘图纸具有亲切感，特别擅长表达曲线，柔和的方面表现得要比计算机自然。虽然计算机图形很真实，但角度的调整、树姿的多变等与手绘相比实在不能说方便。计算机制作的图比较生硬，面面俱到，手绘画面可以用艺术手法强调或减弱所想表现的内容。尤其是在画局部小景观时，手绘图纸要方便得多。计算机比较擅长绘制大型景观规划，尤其是需要反复修改的图纸，比手绘方便，利于保管。

　　此外，手绘效果图常常在与客户洽谈中，就可以勾勒出草图来，随时与客户交谈决定最初方案。手绘的优点大大超过计算机，因此国外至今保留手绘效果图的传统。精彩动人的效果图，往往会打动人的内心，像艺术作品一样被人们采纳、欣赏。

第五章　园林布局

在理解园林布局概念及原则的基础上，具体掌握园林布局的方法，进而将造景的手法熟练地运用到园林规划设计中。

第一节　园林布局原则

园林布局的概念：园林是由一个个、一组组不同的景观组成的，这些景观不是以独立的形出现的，是由设计者把各景物按照一定的要求有机地组织起来。在园林中，把这些景物按照一定的艺术规则有机地组织起来，创造出一个和谐完美的整体，这个过程被称之为园林布局。

人们在游览园林时，在审美要求上是欣赏各种风景，并从中得到美的享受。这些景物有自然的，如山、水、动植物；也有人工的，如亭、廊、榭等各种园林建筑。如何把这些自然的景物与人工景观有机地结合起来，创造出一个既完整又开放的优秀园林景观，这是设计者在设计中必须注意的问题。好的布局必须遵循一定的原则。

一、综合性与统一性

（一）园林的功能决定其布局的综合性

园林的形式是由园林的内容决定的，园林的功能是为人们创造一个优美的休息娱乐场所，同时也在改善生态环境上起重要的作用，但如果只从这一方面考虑其布局的方法，不从经济与艺术方面考虑，这种功能也是不能实现的。园林设计必须以经济条件为基础，以园林艺术、园林美学原理为依据，以园林的使用功能为目的。只考虑功能，没有经济条件作保证，再好的设计也是无法实现的。同样在设计中只考虑经济条件，脱离其实用功能，这种园林也不会为人们所接受。因此，经济、艺术和功能这三方面的条件必须综合考虑，只有把园林的环境保护，文化娱乐等功能与园林的经济要求及艺术要求作为一个整体加以综合解决，才能实现创造者的最终目标。

（二）园林构成要素的布局具有统一性

园林构成的素材主要包括地形、地貌、水体和动、植物等自然景观及其建筑、构筑物和广场等人文景观。在这些要素中，植物是园林中的主体，地形、地貌是植物生长的载体，这二者在园林中以自然形式存在。不经过人为干预的自然要素往往是最原始的产物，其艺术性往往达不到人们所期望的效果，建筑在园林中是人们根据其使用的功能要求出发而创造的人文景观，这些景物必须与天然的山水、植物有机地结合起来并融合于自然中才能实现其功能要求。

以上三方面的要素在布局中必须统一考虑，不能分割开来，地形、地貌经过利用和改造可以丰富园林的景观，而建筑道路是实现园林功能的重要组成部分，植物将生命赋予自然，将绿色赋予大地，没有植物就不能成为园林，没有丰富的、富于变化的地形、地貌和水体就不能满足园林的艺术要求。好的园林布局是将这三者统一起来，既要分工又要结合。

（三）起开结合，多样统一

对于园林中多样变化的景物，必须有一定的格局，否则会杂乱无章，既要使景物多样化，有曲折变化，又要使这些曲折变化有条有理，使多样的景物各有风趣，能互相联系起来，形成统一和谐的整体。

在我国的传统园林布局中使用"起开结合"四个字来实现这种多样统一。什么是"起开结合"呢？清朝的沈宗骞在《芥舟学画编》中指出：布局"全在于势，势者，往来顺逆之间，则开合之所寓也。生发处是开，一面生发，即思一面收拾，则处处有结构而无散漫之弊。收拾处是合，一面收拾一面又思生发，则时时留有余意而有不尽之神，……如遇绵衍抱拽之处，不应一味平塌，宜思另起波澜。盖本处不好收拾，当从他处开来，庶棉平塌矣，或以山石，或以林木，或以烟云，或以屋宇，相其宜而用之。必于理于势两无妨而后可得，总之，行笔布局，一刻不得离开合。"这里就要求我们在布局时必须考虑曲折变化无穷，一开一合之中，一面展开景物，一面又考虑如何开合。

二、因地制宜，巧于因借

园林布局除了从内容出发外，还要结合当地的自然条件。我国明代著名的造园家计成在《园冶》中提出"园林巧于因借"的观点，他在《园冶》中指出："因者虽其基势高下，体形之端正……"，"因"就是因势，"借者，园虽别内外，得景则无拘远近"，"园地惟山林最胜，有高有凹，有曲有深，有峻有悬，有平而坦，自成天然之趣，不烦人事之工，入奥疏源，就低蓄水，高方欲就亭台，低凹可开池沼"。这种观点实际就是充分利用当地自然条件，因地制宜的最好典范。

（一）地形、地貌和水体

在园林中，地形、地貌和水体占有很大比例。地形可以分为平地、丘陵地、山地、凹地等。在建园时，应该最大限度地利用自然条件。对于低凹地区，应以布局水景为主，而丘陵地区，布局应以山景为主，要结合其地形地貌的特点来决定，不能只从设计者的想象来决定，例如北京陶然亭公园，在新中国成立前为城南有名的臭水坑，电影《城南旧事》中讲的就是这一地区的故事，新中国成立后，政府为了改善该地区的环境条件，采用挖湖蓄水的方法，把挖出的土方在北部堆积成山，在湖内布置水景，为人们提供一个水上活动场所，这样不仅改造了环境，同时也创造出一个景观秀丽、环境优美的园林景点。如果不是采用这种方法，而是从远处运土把坑填平，虽可以达到整治环境的目的，但就不会有今天这样景观丰富的园林了。

在工程建筑设施方面应就地取材，同时考虑经济技术方面的条件。园林在布局的内容与规模上，不能脱离现有的经济条件。在选相上以就地取材为主，例如假山置石，在园林中的确具有较高的景观效果，但不能一味追求其效果而不管经济条件是否允许，否则必然造成很大的经济损失。宋徽宗在汴京所造万寿山就是一例：据史料记载，"公元1106年，宋徽宗为建万寿山，于太湖取石，高广数丈，载以大舟，挽以千夫，凿河断桥，毁堰折墙，数月乃至"，最终造成人力、物力和财力的巨大浪费，而北京颐和园中的"败家石"（青芝岫）的来历也是如此。

建园所用材料的不同，对园林构图会产生一定的影响，这是相对的，而非绝对的，太湖石一可谓置石中的上品，并非必不可少，例如北京北海静心斋的假山所用石材为北京房山所产，广州园林的假山为当地所产的黄德石等均属就地取材的成功之例。

（二）植物及气候条件

中国园林的布局受气候条件影响很大。我国南方气候炎热，在树种选择上应以遮阳目的为主。而北方地区，夏季炎热，需要遮荫；冬季寒冷，需要阳光，在树种选择上就应考虑以落叶树种为主。

在植物选择上还必须结合当地气候条件，乡土树种为主。如果只从景观上考虑，大量种植引进的树种，不管其是否能适应当地的气候条件，其结果必是以失败而告终。

另外，必须考虑植物对立地条件的适应性，特别是植物的阳性和阴性，抗干旱性与耐水湿性等，如果把喜水湿的树种种在山坡上，或把阳性树种种在庇荫环境内，树木就不会正常生长，不能正常生长也就达不到预期的目的。因此园林布局的艺术效果必须建立在适地适树的基础之上。

园林布局还应注意对原有树木和植被的利用。一般在准备建造园林绿地的地界内，常有一些树木和植被，这些树木或植被在布局时，要根据其可利用程度和观赏价值，最大限度地组织到构图中去。正如《园冶》中所讲的那样："多年树木，碍筑檐垣，让一步可以立基，砍数、丫不妨封顶，斯谓雕栋飞楹构易，荫槐挺再难成。"其中心思想就是要对原有植被充分利用。关于这一点，在我国现代园林建设中得到了肯定，例如北京朝阳公园中有很多大树为原居住区内搬迁后保留下来的。此公园于1999年建成，这些大树在改善环境方面起到了很好的效果，它们多数以"孤赏树"的形式存在，如果全部伐去重新栽植新的树木，不但浪费人力、物力、财力，而且也不会很快达到理想的效果。

除此之外，在植物的布局中，还必须考虑植物的生长速度。一般新建的园林，由于种植的树木在短期内不可能达到理想的效果，所以在布局中应首先选择速生树种为主，慢生树种为辅。在短期内，速生树种可以很快形成园林风景效果，在远期规划上又必须合理安排一些慢生树种。关于这一点在居住区绿地规划中已有前车之鉴，一般居住区在建成后，要求很快实现绿化效果，在植物配植上，大面积种植草坪，同时为构图需要，配以一些针叶树，绿化效果是达到了，但没有注意居民对绿地的使用要求，每到夏季烈日炎炎时，居民就很难找到故凉之处，这样的绿地是不会受欢迎的。因此，在园林植物的布局中，要了解植物的生物学特性，既考虑远期效果，又要兼顾当前的使用功能。

任何园林都有固定的主题，主题是通过内容表现出来的。植物园的主题是研究植物的生长发育规律，对植物进行鉴定、引种、驯化，同时向游人展示植物界的客观自然规律及人类利用植物和改造植物的知识，因此，在布局中必须始终围绕这个中心，使主题能够鲜明地反映出来。

在整个园林绿化工作中，绿化固然重要，但必绩要有重点，美化才能达到其艺术要求。园林是由许多景区组成的，这些景区在布局中要有主次之分，主要景区在园林中以主景的形式出现。

在整个园林布局中要做到主景突出，其他景观（配景）必须服从于主景的安排，同时又要对主景起到"烘云托月"的作用。当配景的存在能够"相得而益彰"时，才能对构图有积极意义，例如北京颐和园有许多景区，如佛香阁景区、苏州河景区、龙王庙景区等。但以佛香阁景区为主体，其他景区为次要景区，在佛香阁景区中，以佛香阁建筑为主景，其他建筑为配景。

配景对突出主景有两方面的作用，从对比方面来烘托主景，例如，平静的昆明湖水面以对比的方式来烘托丰富的万寿山立面。另一方面是用类似形式来陪衬主景，例如西山的山形、玉泉山的宝塔等则是以类似的形式来陪衬万寿山的。突出主景常用的方法有：主景升高、中轴对称、对比与调和、动势集中、重心处理及抑景等。

三、园林布局在时间与空间上的规定性

园林是存在于我们现实生活中的环境之一，在空间与时间上具有规定性。园林必须有一定的面积指标作保证才能发挥其作用。同时园林存在于一定的地域范围内，与周边环境必然存在着某些联系，这些环境将对园林的功能产生重要的影响，例如北京颐和园的风景效果受西山、玉泉山的影响很大，在空间上不是采用封闭式，而是把园外环境的风景引入到园内，这种方法称之为借景，正如《园冶》所讲"晴峦耸秀，绀宇凌空，极目所至，俗则屏之，嘉则收之，不分町疃，尽为烟景……"。这种做法超越了有限的园林空间。但有些园林景观在布局中是采用闭锁空间，例如颐和园内谐趣园，四周被建筑环抱，园内风景是封闭式的，这种闭锁空间的景物同样给人秀美之感。

园林布局在时间上有规定性，一是指园林功能的内容在不同时间内是有变化的，例如园林植物在夏季以为游人提供庇荫场所为主，在冬季则需要有充足的阳光。园林布局还必须对一年四季植物的季相变化做出规定，在植物选择上应是春季以绿草鲜花为主，夏季以绿树浓荫为主，秋季则以丰富的叶色和累累的硕果为主，冬季则应考虑人们对阳光的需求。另一方面是指植物随时间的推移而生长变化，直至衰老死亡，在形态上和色彩上也在发生变化，因此，必须了解植物的生长特性。植物有衰老死亡，而园林应该日新月异。

第二节　园林静态布局

一、静态风景布局

静态风景是指游人在相对固定的空间内所感受到的景观，这种风景是在相对固定的范围内观赏到的，因此，其观赏位置和效果之间有着内在的联系。

在实际游览中往往是动静结合，动就是游、静就是息，游而无息使人筋疲力尽，息而不游又失去了游览的意义。一般园林规划应从动与静两方面要求来考虑，园林规划平面总图设计主要是为了满足动态观赏的要求，应该安排一定的风景路线，每一条风景路线应达到像电影片镜头剪辑一样，分镜头（分景）按一定的顺序布置风景点，以使人步行其间产生移步换景之感，一景又一景，形成一个循序渐进的连续观赏过程。

分景设计是为了满足静态风景观赏的要求，景物位置始终不变，如看一幅立体风景画，整个画面就是一幅静态构图，所能欣赏的景致可以是主景、配景、近景、中景、侧景、全景甚至远最，或是它们的有机结合，设计应使天然景色、人工建筑、绿化植物有机的结合起来，整个构图布置应该像舞台布景一样，好的静态风景观赏点正是摄影和画家写生的好地方。

静态风景观赏有时对一些情节要特别注意，要进行细部观赏，为了满足这种观赏要求，可以在分景中穿插配置一些能激发人们进行细致鉴赏，具有特殊风格的近景，"特写景"等，如某些特殊风格的植物、某些碑、亭、假山、窗景等。

（一）静态空间的视觉规律

1.景物的最佳视距

人们在赏景时，无论动静观赏，总要有个立足点，游人所在位置称为观赏点或视点。观赏点与景物之间的距离称为观赏视距。观赏视距适当与否对观赏的艺术效果影响甚大。

人的视力各有不同，一般正常人的明视距离为25～30cm，对景物细部能够看清的距离为40m左右，能分清景物类型的视距在250～300m左右，当视距在500m左右时只能辨认出景物的轮廓。因此，不同的景物应有不同的视距。

2.视域

正常的眼睛在观赏景物时，其垂直视角为130°，水平视角为160°。但能看清景物的水平视角在45°以内，垂直视角在30°以内，在这个范围内视距为景宽的1.2倍。在此位置观赏景物效果最佳，但这个位置毕竟是有限的范围，游人要在不同的位置观景，因此，在一定范围内需预留一个较大空间，安排休息亭榭、花架等以供游人逗留及徘徊观赏。

园林中的景物在安排其高度与宽度方面必须考虑其观赏视距的问题。一般对于具有华丽外形的建筑，如楼、阁、亭、榭等，应该在建筑高度1倍至4倍的地方布置一定的场地，以供游人在此范围内以不同的视角来观赏建筑。而茬花坛设计中，独立性花坛一般位于视线之下，当游人远离花坛时，所看到的花坛面积变小，不同的视角范围其观赏效果也是不同的，当花坛的直径在9～10m时，其最佳观赏点的位置在距花坛2～3m左右，如果花坛直径超过10m，平面形的花坛就应该改成斜面的，其倾斜角度可根据花坛的尺寸来调整，但一般在30°～60°时效果最佳，例如北京天安门广场的花坛，其直径近百米，且为平面布置，所以这种花坛从空中俯视效果要远比在广场上看到的效果好得多。

在纪念性园林中，一般要求其垂直视角相对要大些，特别是一些纪念碑、纪念雕像等，为增加其雄伟高大的效果，要求视距要小一些，且把景物安排在较高的台地上，这样就更能增加其感染力。

（二）不同视角的风景效果

在园林中，景物是多种多样的，不同的景物要在不同的位置来观赏才能取得最佳效果，一般根据人们在观赏景物时，其垂直视角的差异划分为平视风景、仰视风景和俯视风景三类。

1.平视风景

平视风景是指视线平行向前，游人头部不必上仰下俯，就可以舒服的平望出去观赏到的风景。这种风景的垂直视角在以视平线为中心的30°范围内，观赏这种风景没有紧张感，给人一种广阔、宁静、深远的感觉且不易疲劳，空间的感染力特别强。平视风景由于有与地面垂直的线条，在透视上均无消失感，故景物高度效果感染力小，而不与地面垂直的线条，均有消失感，表现出较大的差异，因而对景物的远近深度有较强的感染力。平视风景应布置在视线可以延伸到的较远的地方。如一般用在安静休息处、休息亭廊、休疗场所等。在园林中，常把要创造的宽阔水面、平缓的草坪、开辟的视野和远望的空间以平视的观赏方式来安排。西湖风景的恬静感觉与其多为平视景观是分不开的。

2.仰视风景

景物高度很大，视点距离景物很近，一般认为当游人观赏景物，其仰角大于45°时，由于视线的消失，景物对游人的视觉产生强烈的高度感染力，在效果上可以给人一种特别雄伟、高大和威严的感觉。这种风景在我国皇家园林中经常出现，例如北京颐和园佛香阁建筑群体，在德辉殿后面仰视佛香阁时，仰角为62°，使人感到佛香阁特别高大，给人一种高耸入云之感，同时也感到自我的渺小。

仰景的造景方法一般在纪念性园林中经常使用，加纪念碑、纪念雕塑等建筑，在布置其位置时，经常采用把游人的视距安排在距主景高度1倍以内的方法，不让游人有后退的余地，这是一种运用错觉，使对象显得雄伟的方法。

我国在造景中使用的假山也常采用这种方法，为使假山给人一种高耸雄伟的效果，并非从假山的高度上入手，而是从安排视点位置上着眼，也就是把视距安排得很短，使视点不能后退，因而突出了仰视风景的感染力。因此，假山一般不宜布置在空旷草地的中央。

3.俯视风景及效果

当游人居高临下，俯视周围景观时，其视角在人的视平线以下，景物也展现在视点下方。60°以外的景物不能映入视域内，鉴别不清时，必须低头俯视，此时视线与地平线相交，因而垂直地面的直线产生向下消失感，故景物逾低就逾显小，这种风景给人以"登泰山而小天下"、"一览众山小"之感。俯视易造成开阔和惊险的风景效果。这种风景一般布置在园林中的最高点，在此位置上一般安排亭廊等建筑，居高临下，创造俯视景观。如泰山山顶，华山几个顶峰，黄山清凉台都是这种风景。

另外，在创造这种风景时，要求视线必须通透，能够俯视周围的美好风景，如果通视条件不好，或者所看到的景物并不理想，这种俯视的效果也不会达到预期的目的。北京某公园原设计了一俯视风景，在园内的最高点安排一方亭，但由于周边树木过于高大，从亭内所看到的风景均为绿色树冠所遮挡，无法观赏到园内美好的景观。因此，没有达到预期的目的。

平视、俯视、仰视的观赏，有时不能截然公开，如登高楼、峻岭，先自下而上，一步一步攀登，抬头观看是一组一组仰视景观，登上最高处，向四周平望而俯视，然后一步一步向下，眼前又是一组一组俯视景观，故各种视觉的风景安排应统一考虑，在四面八方多重安排最佳观景点，让人停息体验。

二、开朗风景与闭锁风景的处理

（一）开朗风景

所谓开朗风景是指在视域范围内的一切景物都在视平线高度以下，视线可以无限延伸，视线平行向前时不会产生疲劳的感觉。同时还可以使人感到目光宏远，心胸开阔，壮观豪放。李白的"登高壮观天地间，大江茫茫去不返"、"孤帆远景碧空尽，惟见长江天际流"、"林梢一株青如画，应视淮流转处山"正是开敞空间、开朗风景的真实写照。

开朗风景由于人们视线较低，在观赏远景时常模糊不清，有时会见到大片单调的天空，这样又会使风景的艺术效果变差，因此，在布局上应尽量避免这种单调性。

在很多园林风景中，开朗风景是利用提高视点位置，使视线与地面形成较大的视角的方法来提高远景的辨别率，远景也随之丰富起来。开朗风景多用湖面、江湖、海滨，草原以及能登高望远之地。例如我国著名的风景点黄山、庐山、华山、泰山等，由于视点位置高，视界宽阔而成为人们喜爱的风景名胜，正如王涣之《登鹳雀楼》所留下的名句"欲穷千里目，更上一层楼。"

（二）闭锁风景

当游人的视线被四周的树木、建筑或山体等遮挡住时，所看的风景就为闭锁风景。

景物顶部与人的视平线之间的高差越大，闭锁性越强，反之则越弱。

这也与游人和景物的距离有关，距离越小，闭锁性越强，距离越大，则闭锁性越弱。闭锁风景的近景感染力强，四面景物可谓是琳琅满目，但长时间的观赏又易使人产生疲劳感。闭锁风景多运用于小型庭院、林中空地、过渡空间、迴旋的山谷、曲径或进入开朗风景的开敞空间之前，以形成开合的空间对比。北京颐和园中谐趣园内的风景均为闭锁风景。

一般在观赏闭锁风景时，仰角不宜过大，否则就会使人感到过于闭塞。另外，闭锁风景的效果受景物的高度与闭锁空间的长度、宽度的比值影响较大，也就是景物所形成的闭锁空间的大小，当空间的直径大于周围景物的高度10倍时，其效果较差，一般景物的高度是空间直径的1/6～1/3时，游人不必抬头就可以观赏到周围的建筑，如果广场直径过小成建筑过高都会产生一种较强的闭塞感。

在园林中的湖面、空旷的草地等周围种植树木所构成的景观一般多为闭锁风景，在设计时要注意空间尺度与树体高度的问题。

（三）开朗风景与闭锁风景的对立统一

开朗风景与闭锁风景在园林风景中是对立的两种类型，但不管是哪种风景，都有不足之处，所以在风景的营造中不可片面地追求成强调某一风景，二者应是对立与统一的。开朗风景缺乏近景的感染力，在观赏远景时，其形象和色彩不够鲜明；而长久观赏闭锁风景又使人感到疲劳，甚至产生闭塞感。所以园林构图时要做到开朗中有局部的闭锁，闭锁中又有局部的开朗，两种风景应综合应用。开中有合，合中有开，在开朗的风景中适当增加近景，增强其感染力。在闭锁的风景中可以通过漏景和透景的方式打开过度闭锁的空间。

中国的园林多半以水面为中心形成闭合空间。闭合程度因水面大小而异，谐趣园、静心斋、寄畅园、留园、拙政园等都是以水面为中心的闭合空间布置。为了打破闭合空间的闭塞感，常用虚隔、漏景等手法进行处理，如颐和园中乐寿堂前的四合壁，通过在昆明湖一侧的墙上开一列什景窗与外界空间联系起来；苏州狮子林中通过曲廊疏透水面的闭合空间与另一个院联系起来。在开朗的水备，栽植一些孤植树或树丛，增加近景的层次感，防止单调、平淡。在闭合的林口或林中空地处，宜设疏林漏景，防止过于闭塞。

在园林设计中，大面积的草坪中央可以用孤立木作为近景，在视野开阔的湖面上可以用园桥或岛屿来打破其单调性。著名的杭州西湖风景为开朗风景，但湖中的三潭印月、湖心亭及苏、白二堤等景物增加了其闭锁性，形成了秀美的西湖风景，实现了开朗与闭锁的统一。

第三节 园林动态布局

一、园林空间展示程序

当游人进入一座园林内，其所见到的景观是按照一定程序由设计者安排的，这种安排的方法主要有三种：

（一）一般程序

对于一些简单的园林，如纪念性公园，用两段式或三段式的程序。所谓两段式就是从起景逐步过渡到高潮而结束，其终点就是景观的主景。例如中国抗日战争纪念馆，从巨型雕塑醒狮开始，经过广场，进入纪念馆达到高潮而结束。而三段式的程序也可以分为起景—高潮—结景三个段式。在此期间可以有多次转折。例如在颐和园的佛香阁建筑群中，以排云殿主体建筑为"起景"，径石阶向上，以佛香阁为"高潮"，再以智慧海为"结景"，其中主景是在高潮的位置，是布局的中心。

（二）循环程序

对于一些现代园林，为了适应现代生活节奏，主要采用多项入口、循环道路系统、多景区划分，分散式游览线路的布局方法。各景区以循环的道路系统相连，主景区为构图中心，次景区起到辅佐的作用。例如北京朝阳公园，其主景区为喷泉广场及与其相协调的欧式建筑，次景区为公园内的湖面和一些娱乐设施。北京人定湖公园的次景区为规则式喷泉，而主景区为园中大型现代雕塑广场。

（三）专类序列

以专类活动为主的专类园林，其布局有自身的特点。如植物园可以以植物进化史为组景序列，从低等到高等、从裸子植物到被子植物、从单子叶植物到双子叶植物，还可以按植物的地理分布组织列序。如热带到温带再到寒温带等。

二、风景序列创造手法

（一）风景序列的断续起伏

利用地形起伏变化创造风景序列是风景序列创造中常用的手法。包括园林中连续的土山，连续的建筑，连续的林带等，常常用起伏变化来形成园林的节奏。通过山水的起伏，将多种景点分散布置，在游步道的引导下，形成景序的断续发展，在游人视野中的风景，是时隐时现，时远时近的，从而达到步移景异、引入入胜的境界。

（二）风景序列的开与合

任何风景都有头有尾，有收有放，有开有合。这是创造风景序列常用的方法，展现在人们面前的风景包含了开朗风景和闭锁风景。北京颐和园的苏州河就运用了这种开与合，为游人创造了丰富的景观。

（三）风景序列的主调、基调、配调和转调

任何风景，如果只有起伏、断续与开合，是难以形成美丽风景的。景观一般都包含主景、配景和背景。背景是从烘托方面来烘托主景，配景则从调和方面来陪衬主景。主景是主调，配景是配调，背景则是基调。在园林布局中，主调必须突出，配调和基调在布局中起到烘云托月、相得益彰的作用，例如北京颐和园苏州河两岸，春季的主调为粉红色的海棠花，油松为基调，而丁香花及一些的嫩红色及其黄绿色的树木叶为配调。秋季则以槭树的红叶为主调，油松为基调，其他树木为配调。任何一个连续布局都不可能是无休止的。因此，处于空间转折区的过渡树种为转调。转调方式有两种，一种是缓转，主调发生变化，而配调和基调逐渐发生变化，同时主调在数量上也逐渐减少。另一种是急转，主调发生#化，变化为另一树种，而配调和基调之

一逐渐减少，最后变为另一树种。一般规则式园林适合用急转，而自然式园林适合用缓转。

三、园林植物的景观序列与季节变化

园林植物是风景园林景观的主体。植物的景观受当地条件与气候的综合作用，在一年中有不同的外形与色彩变化。因此，要求设计者必须对植物的物候期有全面的了解，以便在设计中做出多样统一的安排。从一般落叶树种的叶色来看，春季为黄绿色的，夏季为浓绿色的，而秋季多为黄色或红色的。而一些花灌木的开花时间也是不同的，以北京地区为例，3月下旬迎春、连翘开始开花，4月初开始开花的有桃花、杏花、玉兰等等。以后直至6月中旬，开花植物逐渐减少，而紫薇、珍珠梅等正值开花之始。到9月下旬以后就少有开花的树木了，这时树木的果实、叶色也是最好的观赏期。因此，在种植构图中要注意这种变化，要求做到既有春季的满园春色，夏季的绿树成荫，又有秋季硕果累累，霜叶如火的景象。吴自牧在《梦梁录》中是这样描写西湖风景的："春则花柳争妍，夏则荷柳竞放，秋则桂子飘香，冬则梅花破玉。四时之景不同，而赏心乐事者与之无穷也"。这正是对西湖的季相景观做出的评价。

第四节　园林布景

一、主景与配景

主景是园林绿地的核心，一般一个园林由若干个景区组成，每个景区都有各自的主景，但各景区中有主景区与次景区之分，而位于主景区的主景是园林中的主题和重点。园林的主景，按其所处空间的范围不同，一般包含有两个方面的涵义，一个是指整个园子的主景，一个是指园子中被园林要素分割后局部空间的主景。以颐和园为例，前者全园的主景是佛香阁排云殿这一组建筑，后者如谐趣园的主景是涵远堂。配景只起衬托作用，就像绿叶与红

花的关系一样。主景必须要突出，配景则必不可少，但配景不能喧宾夺主，能够对主景起到烘云托月的作用，所以主景与配景是"相得益彰"的。

常用的突出主景的方法有以下几种：

（一）主景升高

为了使构图主题鲜明，常把主景在高程上加以突出。主景抬高后，观主景时需要仰视，可取蓝天远山为背景，主体造型、轮廓突出，不受其他因素干扰。

（二）中轴对称

在规则式园林和园林建筑布局中，常把主景放在总体布局的中轴线终点，而在主体建筑两侧，配置一对或一对以上的配体。中轴对称才以强调主景宏伟、庄严和壮丽的艺术效果。

（三）对比与调和

配景经常通过对比的形式来突出主景，这种对比可以是体量上的对比，也可以是色彩上的对比、形体上的对比等等。例如，园林中常用蓝天作为青铜像的背景，是色彩上的对比；在堆山时，主峰与次峰是体量上的对比；规则式的建筑以自然山水、植物作陪衬，是形体上的对比等。

钢质菖蒲雕塑和后边的石质屏风在材质上形成对比时同时以绿色的树木作为主雕塑的背景。

（四）运用轴线和风景视线的焦点

主景前方两侧常常进行配置，以强调陪衬主景，对称体形成的对称轴称为中轴线，主景总是布置在中轴线的终点处，否则也会感到这条轴线没有终结。此外主景常布置在园林纵横轴线的相交点处，或放射轴线的焦点或风景透视线的焦点上。

（五）空间构图重心处理

主景布置在构图的中心处。规则式园林构图时，主景常居于几何中心处，而自然式园林构图时，主景常布置在自然重心上。如中国传统假山园，主峰切忌居中，就是主峰布设在偏离几何中心的地方，但必须布置在自然空间的重心上，四周景物也要与其配合。

园林主景或主体如果体形高大，很自然容易获得主景的效果。但体量小的主景只要位置布置得当，也可以达到主景突出的效果以小衬大、以低衬高，可以突出主景。同样，以高衬低、以大衬小也可以成为主景。如园路两侧，种植高大乔木，面对园林小筑，小筑低矮，反成主景。亭内置碑，碑成主景。

（六）动势集中

一般在四面环抱的空间，例如水面、广场、庭院等周围，次要的景色要有动势，趋向于一个视线的焦点上，主景宜布置在这个焦点上。西湖周围的建筑布置都是趋向湖心的，因此，这些风景的动势集中中心便是西湖中央的主景孤山，便成了"从望所归"的构图中心。

（七）抑景

中国传统园林的特色是反对一览无余的景色，主张"山重水复疑无路，柳暗花明又一村"这样先藏后露的造园方法，这种方法与欧洲园林的"一览无余"形式形成鲜明的对比。

（八）面阳朝向

指屋宇建筑的朝向，以南为好，因我国地处北纬，南向的屋宇条件优越，对其他园林景物来说也是很重要的，山石、花木南向，有良好的光照和生长条件，各色景物显得更加光亮，富有生气，生动活泼。

综上各条，主景是强调的对象，为达到此目的一般在体量、形状、色彩、质地及位置上都被突出。为了对比，一般用以小衬大，以低衬高的手法来突出主景。但有时主景也不一定体量都很大，很高，在特殊条件下低在高处，小在大处也能取胜，成为主景，如长白山天池就是低在高处的主景。

二、借景、对景与分景

（一）借景

根据园林周围环境特点和造景需要，把园外的风景组织到园内，成为园内风景的一部分，称为借景，"借"也是"造"。《园冶》中提到的借景是这样描写的："园虽别内外，得景则无拘远近，晴峦耸秀，钳隅凌空，极目所至，俗则屏之，嘉则收之"。"园林巧于因借，精在体宜"。所以在借景时要达到"精"和"巧"的要求，使借来的景色同本园空间的气氛环境巧妙结合起来，让园内园外相互呼应汇成一片。

借景能扩大空间，丰富园景，增加变化，按景的距离、时间、角度等，可分以下几种方式：

1.远借

把园外远处的景物组织进来，所借景物可以是山、水、树木、建筑等。成功的例子有很多，如北京颐和园远借西山及玉泉山之塔；避暑山庄借僧帽山磬锤峰；苏州寒山寺登枫江楼可借狮子山、天平山及灵岩峰。拙政园将北寺塔借入园中等等。

2.邻借（近借）

就是把园子中邻近的景色组织进来。周围环境是邻借的依据，周围景物，只要是能够利用成景的都可以利用，不论是亭、阁、山、水、花木、塔、庙。如避暑山庄邻借周围的"八庙"；苏州沧浪亭园内缺水，而邻园有河，则沿河做假山、驳岸和复廊，不设封闭围墙，从园内透过漏窗可领略园外河中景色，园外隔河与漏窗也可望见园内，园内园外融为一体，就是一个很好的例子。

3.仰借

利用仰视所借之景物，借居高之景物，借到的景物一般要求较高大，如山峰、瀑布、高阁、高塔等。

4.俯借

俯借指利用俯视所借之景物，许多远借也是俯借，登高才能望远，欲穷千里目，更上一层楼。登高四望，四周景物尽收眼底，这就是俯借。借之景物甚多，如江湖原野，湖光倒景等。

5.应时而借

利用一年四季、一日之时、大自然的变化和景物配合而成。如以一日来说：日出朝霞，晓星夜月；若以一年四季来说，春光明媚，夏日原野，秋天丽日，冬日冰雪。就是织物也随季节转换，如春天的百花争艳，夏天的浓荫覆盖，秋天的层林尽染，冬天的树木姿态。这些都是应时而借的意境素材，许多名景都是因应时而借成名的，如"琼岛春荫"、"曲院风荷"、"平湖秋月"、"南山积雪"、"卢沟晓月"等。

（二）对景

位于园林轴线及风景线端点的景物叫对景。对景可以使两个景观相互观望，丰富园林景色。为了观赏对景，要选择最精彩的位置，设置供游人休息逗留的场所作为观赏点。如安排亭、榭、草地等与景相对。景可以正对，也可以互对，正对是为了达到雄伟、庄严、气魄宏大的效果，在轴线的端点处设置景点。互对是在园林绿丝轴线上或风景视线两个端点处设置景点，互成对景，互为对景也不一定有非常严格的轴线，可以正对，也可以有所偏离。如颐和园佛香阁建筑与昆明湖中龙王庙岛山的涵虚堂即是如此。对景即也可以分为：

1.严格对景：严格对景要求两景点的主轴方向一致，位于同一条直线上。

2.错落对景：错落对景比较自由，只要两景点能正面相向，主轴虽方向一致，但不在一条直线上即可。

上海豫园中的一处读书轩与水池对面的亭子形成对景，这样可避免"读书轩"对面只有白墙而无景观的情况

（三）分景

我国园林含蓄有致，意味深长，要能引入入胜切忌"一览无余"。所谓"景愈藏，意境愈大。景愈露，意境愈小"。分景常用于把园林划分为若干空间，使之园中有园，景中有景，湖中有岛，岛中有湖。园景虚虚实实，景色丰富多彩，空间变化多样。

分景按其划分空间的作用和艺术效果，可分为障景和隔景。

1.障景（抑景）

在园林绿地中，能抑制视线，引导空间屏障景物的手法称为障景。障景可以运用各种不同题材来完成，可以用土山做障。用植物题材的树丛叫树障，用建筑题材做成转折的廊院叫做曲障等，也可以综合运用。障景一般在

较短距离之间易被发现，因而视线受到抑制，有"山穷水尽疑无路"的感觉，于是改变空间引导方向逐渐展开园景，达到"柳暗花明又一村"的境界。即所谓的"欲扬先抑，欲露先藏、先藏后露，才能豁然开朗"。

障景的手法是我国造园的特色之一，以著名宅园为例，进了园门穿过曲廊小院或宛转于丛林之间或穿过曲折的山河来到大体瞭望园景的地点，此地往往是一面或几面敞开的厅轩亭之类的建筑，便于停息，但只能略窥全园或园中主景，园中美景的一部分只让你隐约可见，但又可望而不可及，使游人产生欲穷其妙的向往和悬念，达到引人入胜的效果。障景还能蔽不美观或不可取的部分，可障远也可障近，而障本身自成一景。

2.隔景

凡将园林绿地分隔为不同空间，不同景区的手法称为隔景。为使景区、景点有特色，避免各景区的相互干扰，增加园景构图变化，隔断部分视线集游览路线，使空间"小中见大"。隔景的手法常用绵延的土岗把两个不同意境的景区划分开来，或同时结合运用一水之隔。划分景区的景物不用过高，二三米能遮挡住视线即可。隔景方法，题材也很多，如树丛、植篱、粉墙、漏墙、复廊等。运用题材不一，目的。都是隔景分区，但效果和作用依主体而定，或虚或实，或半虚半实，或虚中有实，实中有虚。简单地说，一水之隔是虚，虽不可越，但可望及；一墙之隔是实，不可越也不可见；疏林是半虚半实，而漏阻是虚中有实，似见而不能越过。其墙体在阻隔空间中特别是此处水域空间，用了一个半拱墙来阻隔，使水面进深感增强。

运用隔景手法划分景区时，不但要把不同意境的景物分隔开来，同时也使景物有了一个范围。一方面也使从这个景区到另一个不同主题的景区之间不相干扰，各自别有洞天，自成一个单元，而不至于像没有分隔的那样，有骤然转变和不协调的感觉。

三、框景、夹景、漏景、添景

（一）框景

空间景物不尽可观，或者平淡兼有可取之景，利用门框、窗框、山洞等。有选择的摄取空间中优美景色，而把不要的景物隔绝遮住，使主体集中，鲜明单纯，恰似一幅嵌于镜框中的立体的美丽画面。这种利用框架摄取景物的手法叫框景。

框景的作用在于把园林绿地的自然美、绘画美与建筑美高度统一于景框之中，因为有简洁的景框为前景，约束了人们游览时分散的注意力。使视线高度集中于画面的主景上，是一种有意安排强制性观赏的有效办法，处理成不经意中的佳景，给人以强烈的艺术感染力。

框景务必设计好入框之对景，观赏点与景框应保持适当距离，视线最好落在景框中心。

（二）夹景

当远景的水平方向视界很宽时，其中的景物并非都很动人，因此，为了突出理想的景色，常将左右两侧以树丛、树干、土山或建筑等加以屏障，于是形成左右遮挡的狭长空间，这种手法叫夹景。夹景是运用轴线、透视线突出对景的手法之一，可增加园景的深远感。夹景是一种引起游人注意的有效方法，沿街道的对景，利用密集的行道树来突出，就是运用了这种方法。

（三）漏景

漏景是由框景发展而来的，框景景色全观，而漏景若隐若现。有"犹抱琵琶半遮面"的意境，含蓄雅致，漏景不限于漏窗看景，还有漏花墙，漏屏风等。除建筑装饰构件外，疏林树干也是好材料，植物宜高大，树叶不过分郁闭，树干宜在背荫处，排列宜与远景并行。

（四）添景

当风景点与远方的对景之间没有其它中景、近景加以过渡时，为求主景或对景有丰富的层次感，加强远景"景深"的感染力，常做添景处理。添景可用建筑的一角或建筑小品，树木花卉等。用树木作添景时，树木体型宜高大，姿态宜优美。如在湖边看远景时，若有几丝柳枝条作为近景装饰就会很生动。

四、点景

我国园林善于抓住每一个景观特点，根据它的性质、用途，结合空间环境的景象和历史，进行高度概括。常作出形象化、诗意浓、意境深的园林题咏。其形式多样，有匾额、对联、石碑、石刻等。题咏的对象更是丰富多彩，无论景象、亭台楼阁、一门一桥、一山一水，甚至名木古树都可以给以题名，题咏。如颐和园万寿山、爱晚亭、花港观鱼、正大光明、纵览云飞、碑林等。它不但丰富了景的欣赏内容，增加了诗情画意，点出了景的主题，给人以艺术联想还有宣传装饰和导游的作用，各种园林题咏的内容和形式是造景不可分割的组成部分。我们把创作设计园林题咏称为点景手法。它是诗词、书法、雕刻、建筑艺术等的高度综合。如"迎客松"、"南天一柱"、"知春亭"等。亭上"四壁荷花三面柳，半潭清水一方山"的诗句为其周围景观再添了一笔美意。

建筑风格独特，构思巧妙别致的梧竹幽居是一座亭，为中部池东的观赏主景。此亭外围为廊，红柱白墙，飞檐翘角，背靠长廊，面对广池，旁有梧桐遮荫、翠竹生情。亭的绝妙之处还在于四周白墙开了四个圆形洞门，洞环洞，洞套洞，在不同的角度可看到重叠交错的分圈、套圈、连圈的奇特景观。四个圆洞门既通透、采光、雅致，又形成了四幅花窗掩映、小桥流水、湖光山色、梧竹清韵的美丽框景画面，意味隽永。"梧竹幽居"匾额为文徵明体。"爽借清风明借月，动观流水静观山"对联为清末名书家赵之谦撰书，上联连用二个借字，点出了人类与风月、与自然和谐相处的亲密之情；下联则用一动一静，一虚一实相互衬托、对比，相映成趣。

五、近景、中景.全景与远景

景色就空间距离层次而言，有近景、中景、全景和远景。

近景是近视范围较小的单独风景；中景是目视所及范围的景致；全景是相应于一定区域范围的总景色，远景是辽阔空间伸向远处的景致，相应于一个较大范围的景色；远景可以作为园林开旷处瞭望的景色，也可以作为登高处鸟瞰全景的背景。山地远景的轮廓称轮廓景，晨昏和阴雨天天际线的起伏称为蒙景。合理的安排前景、中景与背景，可以加深景的画面而更加富有层次感，使人产生深远的感觉。前景、中景、远景不一定都要具备，要视造景要求而定，如要开朗广阔、气势宏伟，前景就可不要，只要简洁背景烘托主题即可。

第六章　植物配置与水景景观设计

　　水的生态性的主要表现是对环境中生命的孕育，由于水的存在而使得环境充满了生机，提供了适合生态发展和人类生存的基本条件。人们用水培养林地、灌溉植物与养殖动物，从而满足人口增长与文明发展对水资源的需要，并修复环境的生态缺陷，使各种生命体在相互作用中健康生长，在产生丰富的区域物质资源的同时体现出其可持续发展的生态景观的作用。

　　水不会以孤立的形态且不发挥任何作用地存在于环境之中，池塘、河流、湖泊等都有着各自不同的生态培育功能，如会使人们直接想象到水中鱼、池中花以及岸畔的各种动植物，这是一种必然存在的景象联想，也是人们在长期的生存经验中形成的生态印象，它反映出了人们对水景观作用的衍生性的、广义性的与综合性的理解，水由于生态作用而形成了各种各样的景观作用。由此可以知道的是，水与动植物所形成的生态关系也促进了水域环境景观关系的产生，而且展现出十分自然与丰富的景象。

　　水不仅滋养水生动植物，还培育着岸畔的动植物，而且随着不同的季节变化形成了多元化的生态格局与包含不同水系范围的生物链，即环境中土壤、气候、微生物种类与空气湿度等之间的相互作用取决于水系。这个过程主要表现为："基本形态—植物生长—动物生栖—因季节循环形成的动植物反哺环境—促进各种物种的生长—构成总体生态特征—形成景观"，这是活的景观，是体现生命变化的景观。不同季节可以发现不同动植物的生长形态以及水的景象变化，形成相互融合与相互映衬的景观整体，使人们既能感受到自然的生态现象，又能体会到来自自然的启示，并将其作为营造、设计与利用水景的重要方法，合理地应用于自然与生活环境之中。

第一节 植物配置的原则与设计要素

植物是水景景观设计中必不可少的景观物象，是与水体构成生态关系和景象对应关系的主体，如垂柳、芦苇、水田、荷塘等，以及陆地上的、水中的、岸边的植物都与水存在必然的联系，构成景色各异的丰富多彩的景观。岸畔与水生植物通过其自然的生长特点与形态特征同水组成了水景景观，同时还可以吸引各种鱼类、飞禽、昆虫以及其他动物来此寻找食物、繁殖和栖息，为人类的生存提供了多种多样的物质资源。

一、植物的景观功能

植物的景观功能主要包括生产性植物景观功能和观赏性植物景观功能。

（一）生产性植物景观

植物的生长全都依赖于水的存在，水与植物景观的关系十分复杂与宽泛，很多的知识已经完全超出了景观设计的知识框架，因此本书对水与植物在环境中的生态景观作用只进行有限的简单扼要的表述。生产性植物景观是指直接与水体发生景观关系的，为社会生产生活提供物质资源的植物景观。比如水稻田、树林、牧场以及其他农作物环境等，主要包括工业、林业、农业、木业、养殖业等行业的生产。由于其具有广泛的应用面，因此对区域景观有很大的影响，对环境生态与社会生产生活发挥着多方面的作用，而且具有季节性变化的特征，是在同一场地环境条件下的不同形态、不同气息以及不同色彩的作用下形成的给予人们不同希望的多种景象。诸如满目葱绿的林地、阡陌旁纵横交错的水渠、充满诗意的藕塘以及一望无际的稻田，这些景致是自然的力量与人类的勤劳和智慧相结合的产物，在给予人们丰富的物质资源的同时，又予以人们感官和精神上的满足。

生产性植物景观并不需要特意的视觉化设计，但其产生的景观作用与视觉感染力是任何的观赏性景观都无可比拟的。对于这样的景观环境，设计的作用在于如何运丰富的景观资源，更加有效地发挥其景观作用。由于生产性植物景观本身所具有的特殊功能与视觉感染力，它逐渐被人们引入到非生产性的环境中，例如街区、校园、公园及广场等公共场地的绿化中都有体现，形成了独特的景观效果。

（二）观赏性植物景观

观赏性植物景观是指与水体发生直接景观关系的水生植物景观以及滨水生长的用以观赏的植物景观。在自然湖泊、河流和人工水景环境中，各类植物与水体形成的特殊对景关系，产生了使人留连忘返的景象，而且保存在人们深深的记忆之中，成为人们对于某处环境特征的标志性印象。观赏性植物与水景结合成为互相映衬的景观，会吸引各种动物前来栖息觅食，同时还可以保护环境水土流失、丰富环境景观形式、清洁水质、补充空气中的氧气、保护环境的生态健康、形成环境生态循环系统等。不同种类的植物对水和环境发挥的景观作用也是不同的，其主要取决于植物的生长习性与特征。只有充分理解了水系环境、土壤、气候与植物生长特性和形态特征等因素，才能建造有利于水域环境的、健康、优美、合理的而且符合生态持续发展的要求的景观系统。观赏性植物景观的景观作用不能只凭借单一或少数物种来体现，无论是水中的还是岸畔的植物都要多样性发展，才可以形成环境生态的多元性发展，构成丰富的景观系统。因此，我们可以从适合场地环境生态发展的角度去阐述和整理自然水域与人工水体环境中的植物配置问题，并根据环境的景观和生态缺陷去作针对性的补救。这是一种符合自然生态规律的程序，具体表现为：

（1）水的存在为土壤中的各种植物提供了生长的条件。

（2）各种植物的生长为人和动物提供了食物与栖息的条件。

（3）人与动物的生存活动，促进了植物的传播与有序发展。

（4）各种物种的相互作用促进了特有的区域生态景观格局的形成。

二、水景植物的种类

根据水景植物的类别可以将水景植物分为观赏性水景植物和生产性水景

植物。而根据观赏性水景植物的生长方式以及与滨水的关系，又可将其分为四类：岸边植物、浮水植物、挺水植物与沉水植物。

（一）生产性水景植物

生产性水景植物主要指用于生产种植的水生植物，比如芦苇、水稻、空心菜、莲藕、水芋等。这些作物虽然以人工种植为主，但具有比较广泛的作物面，对区域环境的生产生活有很大的影响，同时对区域景观发挥出重要的作用，其随季节变化所形成的植物播种、生长、收获的生产程序，会直接影响场地的景观现象。所以，生产性植物景观是随季节变换的、具有较强规律性的动态景观。不仅具有植物色彩与形态变化的特点，还具有按照作物不同的生产要求，引起水体变化的特性。

（二）观赏性水景植物

1.岸边植物

岸边植物是指适于生长在湿润的气候环境与土壤中的植物，例如鸢尾、水杉、小叶榕、柳树、竹、萱草、枫杨等。植物的中种类主要有草本与木本，其形态各异，大小高低参差不齐，具有各自的生长周期，在不同的季节里表现出丰富多彩的生态景观现象。

2.浮水植物

浮水植物是指在水面悬浮生长而根系在水中的植物。它随波逐流、随风摇摆、逐浪起伏，是构成水景环境的重要的配景元素，例如浮萍、金银莲、睡莲、菱角等。

3.挺水植物

挺水植物是指茎、叶长出水面而根系在水底的植物。挺水植物的种类有很多，例如芦苇、水芋、荷花、千屈草、菖蒲、纸莎草、香蒲、燕子草、水蓼等。因挺水植物具有色彩丰富、姿态优美且观赏性强的特点，所以成为水景环境中选用最多的植物种类。

4.沉水植物

沉水植物是指整株都生长在水里，只有少量花和叶尖浮出水面的植物。例如狐尾草、黑藻、莼菜、苦草、金鱼藻等。

三、植物的配景作用

植物的景观效果是水景环境中不可或缺的重要元素，通常所说的青山绿水的风景，实际上就是指水和植物在环境中互相衬托的视觉现象。水与植物是人类生存所必需的物质，具有充足水源和茂密的植物的地方，理所当然适合于生长繁衍与栖息，鲜花绿叶、果实芬芳等都反映了朝气蓬勃、孕育生命的景象。这是人类在长期的生存实践经验中形成的视觉判断，将其转换为视觉需要，成为景观环境中具有某种人文意义与象征意义的造景方式。

因为水生植物与滨水植物都有其各自不同的生长形态与习性，所以在配景中发挥的作用和产生的效果也各不相同。不同的水景环境所需要的植物配景是不同的，可以凭借各种植物的色彩、数量、形态和气味等特征，使水景观环境具有听声、闻香与观景等多方面的景观功能，而植物在其中扮演着重要的角色。其作用主要表现为以下几个方面。

（一）掩映作用

生长在岸边的高大的植物会对环境中的光线和景物造成掩蔽，给人以若有如无、或隐或现的视觉感受，而且可以丰富场地的阴影关系与层次变化，增强环境空间感，并对环境中的构筑物、不良景观与水景进行遮蔽。

（二）构图作用

不管是在人工的或自然的景观环境中，都会存在景观的缺陷，特别是对于比较广阔的水域，如过于宽敞的空间与平整的场地，只有几条简练的横线，使构图显得单一而缺少变化；或是在城市环境中，高楼包围下的水景环境，犬牙交错的构图显得杂乱无章；而规则式的人工水景，其几何形的构图又显得过于单调。在这些环境中都可以运用不同类型的植物配置，优化与调整环境的构图，利用丰富的植物形态改变场地的景观关系。

（三）围合与区分作用

环境中的植物具有围合和划分不同空间的作用，以不同的形状、种类和数量区分出具有不同景观功能的区域。比如在比较深的水域中可以利用植物围合岸畔来防止安全问题，体现出的是防护的功能；行道两侧栽种植物起到的是隔离分区和视觉导向的作用。

（四）色彩作用

作为景观环境中的主要元素，季节变化对植物的色彩和形态的变化具有很大的影响，不同的植物在不同季节所表现出的色彩现象各不相同。在水景景观中，植物色彩的变化会直接影响水面的色彩变化与影映关系，同时也在视觉和心理上带给观赏者不同的感受，反映出不同的景观情趣，同时与水构成相互映衬的对景关系。

（五）生态延伸作用

植物景观本身体现的就是生态，它不仅给环境带来了丰富多彩的观赏内容，而且由于植物生长的特性，还赋予了环境景观价值与生态价值的延伸。植物的存在可以补充空气中的氧分，植物的果实和花朵会在环境中产生芬芳的气味；水中的植物为各种水生动物的生长提供了食物；岸边的植物可以供给鸟类与其他动物进行觅食与栖息，形成了多物种互生护长的景观环境……这些由植物所形成的生态景观为人类的生产生活提供了更加丰富多彩的内容与环境氛围。

四、植物配置的原则

在水景环境中，并不是全部的植物都对景观环境有利，也不是任何植物都适合于生长在滨水环境中，需要按照各种条件和因素进行合理的配置。水景景观中植物的配置应遵循以下原则。

（一）种植原则

植物配景效果好坏与否的关键在于种植什么样的植物以及采用何种种植手段。植物的选种需根据其生长形态与生长规律，结合各方面的因素如水域面积、水体动静状态、水景尺度、场地空间大小以及原生态景观的形式等，来思考选择植物的种类、种植的地点以及种植的方式。例如，对于水生植物要依据水景环境的土质、水底情况与水流情况等，考虑是采用盆栽放置或者直接种植等。在城市的景观环境中，因为水景条件与场地条件会有所限制，所以地面上高大树木的种植密度最好不要太大，避免形成视觉阻碍而导致行动不便；而对于较小的人工水景则要种植少量沉水、挺水与浮水植物作为点缀。

（二）反哺环境的原则

不管是水生植物还是岸畔植物，都对水景环境生态的持续发展发挥着十分重要的作用，植物的根、茎、叶、花与果实为陆地与水体中的各种动植物与其他生物提供了丰富的生存条件，使得水景环境的生态向多元化的趋势发展。所以，水景景观设计中的植物配置不仅要考虑视觉的角度，还要根据水景景观环境的总体生态条件和发展需要进行配置，尽量在多物种与多系统相互协调和相互作用的条件下形成健康的景观环境。

（三）控制不良因素的原则

植物的配置要依照环境的状况和条件，不能单纯地以为绿化就是景观，绿化就是生态，如果只考虑景观效果而忽视了植物在生长过程中产生的负面影响，将会导致蓄水渗漏、空气有害物质含量过高、行进障碍、水质污染、堤岸垮塌与环境安全等不良因素的产生。

1.安全与行进障碍

水岸景观步道两侧的行道树与植物隔离带，最好不要种植生长低矮、枝干尖硬或枝干带刺的植物，防止误伤行人。对于步道两旁栽种的行道树与植物隔离带、以及其他游人活动较密集的区域内的植物，要根据其生长状态进行整理和修剪，以免对活动形成障碍。

2.水系安全

对于水中种植的浮水植物与沉水植物，应分区域适量进行种植，不要种植过量，避免损害水质。必须对生长性比较强的植物诸如藻类植物、水葫芦进行严格的控制，以免进入水库、湖泊、河流等自然水域中，对水质和水域生态造成破坏。

3.堤岸保护

在堤坝和水岸护坡上不适合于种植根系旺盛的树种，如黄桷树与小叶榕等，以免植物旺盛的根系会破坏堤坝与护坡，导致水土流失与渗漏，造成堤坝与护坡的垮塌。

4.含有害物质的植物

由于水景环境中的游客的聚集量比较大，属于是公共环境，因此对于场地空间的安全意识要表现在各个方面。并不是所有的植物都对景观环境是有利的，有的植物种类会对环境产生危害健康、破坏环境等负面作用。比如夹竹桃的花、叶、皮和果实中都含有一种叫作夹竹苷的剧毒物质，会危害人的消化系统与呼吸系统；还有百合花、一品红、万年青等也是含有害物质的植物，在进行植物配置时要谨慎使用。

植物的配置不仅要表现出视觉效果，而且要体现出建造优美、健康与安全的水景环境的设计目标。改善水景环境的有效途径是要用科学的方法控制植物配景的形态、品种、数量以及栽种选址。

五、植物配置设计要素

植物的配置是水景景观设计中重要的设计内容，它对水环境的景观效果与生态形成关系有直接的影响作用，而且对水底、水岸、水中和水面具有丰富的功能作用。植物配置主要以人工移栽、修剪与整理为主，所以，对植物的配置要根据水域环境的水土条件、原有物种状况、原生态景观特征以及气候环境，结合配景植物的生长形状、生长规律、体量、色彩与季节变化等因素进行合理的选择，并要考虑配置植物之后所吸引来的各种动物进行觅食、栖息等活动，可能产生的好处与坏处。

（一）交通与视线

设置良好的观景地点和道路可以更有效地表现出水景环境中水与植物的景观效果，而观景地点与道路的设置则要以观景的视距、视角以及景观优势为依据，形成具有针对性的观景视线。虽然植物是环境中重要的景观要素，但由于其种类繁多、高低大小不一，而且人与各种植物的距离各不相同，因此经常会成为观赏视线的障碍，特别是在观景道路两旁种植的林荫植物与行道树，很容易形成视线障碍。所以，在植物配置的过程中，不仅要注意植物与水的搭配，同时也要考虑到人在行进与驻足过程中的各种行为需要，将各种不同的配景方式与道路进行搭配构成丰富的关系，充分反映出环境景观的特征，满足人的游玩与观赏的需要。

1.封闭与通透

对于不良景观，可以在道路两旁种植枝叶茂密的岸边植物，以阻隔视线；而对于良好的环境，可将高大的树种或者柳树种植在道路两旁，使人们可以将视线穿过植物枝干观赏到优美的水域景观。

2.疏密相间

一般情况下，水景环境中的观景路径是曲折蜿蜒、变化复杂的。对于植物的配置要根据路线和环境的变化进行，呈现出聚合相间且疏密得当的节奏关系，同时还要按照不同植物的季节色彩变化进行配置，以获得多种多样的嗅觉体验与视觉感受。

3.视线通廊

在游玩中，人的视线是随着各个方向游走的，对于特殊的景观，可以将视线通过枝叶茂密的岸边植物集中在道路相同的方向，形成视线通廊，使人在行进的过程中不受扰乱地感受曲径通幽的意蕴与境界，并凝神于前方的景观。

（二）林冠线与水岸线

高大的树木通常以林状的方式构成，与背景和天色形成相互映衬的关系，其对应的边际线就是林冠线。由于树林的枝叶形态与角度各不相同，而且在风的作用下不断摇曳，因此其与天色相交呈现出边界模糊的线形特征。水岸线是水体与岸畔相交而产生的明显的边缘线形关系，随着水面的波动以及浮水植物与挺水植物呈现出的色彩效果，展现出复杂多变的水岸线形变化。这两种线形的视觉关系通常会同一时间一起体现在同一场景里，远景、近景、模糊的、清晰的交织在一起相映生辉，而且会随着水面的变化形成梦幻般的景观效果。不管是在水中还是是在天景下，不同色彩对应下的线性关系都因植物多种多样的生长状态变得灵动而丰富。所以，对水岸线和林冠线的设置是营造不同视距景观形象的重要方法。

（三）平面与立面

植物的配置要遵照水景环境的空间条件，根据景观场地中不同的观景视

线、视角与视点，对植物在空间中的平面和立面的尺度比例关系与视觉关系
进行设计，有效地体现出植物的景观作用。立面关系是指在平视的情况下，
植物在不同的视距层次中形成的错落有致的视觉关系，而且水中的影像效果
会受到滨水植物的色彩和立面形态的直接影响。植物的平面关系是指在俯视
的情况下，植物在水面与滨水场地中所产生的不同的面积、形态与色彩的比
例关系。例如，站在高处可以俯视欣赏到低处的滨水林地与植被的斑块与组
织格局，靠近水面可以欣赏水生植物、草地与低矮植物的色彩和肌理效果。
植物的平面和立面的关系不仅营造了水域景观环境的整体形式，还构成了植
物融入人群的观景方式，使人在参观不同的植物景象时会有不同的欣赏行
为。所以，将植物在环境中的立面与平面的尺度比例关系设计好，是更好解
决人在不同状态下欣赏植物时的视角和视距的关键所在。

（四）季节与景观

水景设计中的重要手段之一是要有效地利用植物的季节变化，季节的
自然变化会直接影响到植物的色彩和生长形态的变化，而且可以使水表现出
多种多样的色彩与倒影效果。在植物配置时，要依照水景环境地域的场地条
件、气候特征、水质特征与土质特征，结合不同植物的季节变化规律和生长
特征进行合适的搭配。选种要具有针对性，有效地利用季节变化给不同植物
带来的色彩与形态变化的关系，将具有季节变化的植物与常绿植物搭配在一
起，使其在季节更换中展现出柳绿桃红、生机勃勃的景象。通过对水域环境
中不同季节的植物的设置，可以增加更多的动物种类，使环境的生态内容更
加丰富，呈现出多物种相互作用的景观现象。下面介绍一下季节变化对植物
产生的景观影响。

1.对植物生长周期的影响

所有的植物都有其独特的生长循环规律，而这种规律的形成是由于季
节的变化而使植物必须要逐渐适应不同的气候条件所导致的。例如"春华秋
实"就是其规律的典型表现。当人们将植物的生长现象看作是景观时，其生
长过程中的发芽、成形、开花、结果与凋谢等，都会给水域景观环境增添很
多人文的和自然的的情趣，使不同季节中的同一环境因时节的不同而呈现出

完全不同的景观效果。

2.对植物形态与色彩的影响

植物的生长变化在其色彩和形态上的表现最为显著。不同种类的植物，在这方面所体现出的变化大小各不相同，例如色彩和形态变化明显的落叶、凋谢植物与变化不大的常绿植物。人们在观赏植物通常只能欣赏到植物生长变化的某一瞬间的现象，很少能够认真观察其生长的过程，因此，通常会在无意间看到景观环境中植物的神奇变化。比如春季与夏季的稻田、夏季与冬季的荷塘，不止在色彩和形态方面存在很大的差别，在形成环境的情景关系方面也是完全不同的情态，这正好赋予了水景设计更多可以运用的造景方式和技巧，让自然变化之中充满了丰富的人文与审美思想。

3.对动物和环境的影响

环境中的水景植物具有保护河床和水岸、稳固土壤的作用，植物的新陈代谢所产生的有机质可以反哺环境，进而环境会吸引更多的动物，如此一来便形成了一条丰富的生态链。

第二节　水边的植物造景配置

水边的植物通常具有增加水面层次、丰富岸边景观视线、凸显自然野趣的作用。北方通常会在水边栽种垂柳、桃树、樱花，也可以种植大片的草地，还可以栽种迎春、月季、蔷薇与连翘等花卉。偶尔也会在平直的湖岸线或者浅滩区上栽种一片水杉林，显得大气而壮观，具有一种出乎意料的效果。

无论是小水面还是大水面旁边的植物配置，其与水边距离的要求一般是有远有近、有疏有密，千万不要沿边线进行等距离的栽植，以免形成呆板单一的行道树模式。然而在某些情况下，又需要建造茂密的"垂直绿障"。例如杭州黄龙洞水池南面的山，山脚距离水池十几米，山坡陡峭，草木苍翠茂盛，形成了一个巨大的"垂直绿面"，高约30余米，但水池仅宽18米，而且还有池旁白色的园林建筑进行衬托，其高低对比更加明显。坐临湖畔，伴随着林中啾啾唧唧的鸟叫声，如同进入了深山老林，给人一种水池空间更加古雅、质朴、宁静的感觉。

在比较小的水面空间中，而且周围也没有可以借用的自然山林，则可以利用墙面来进行垂直绿化，水池旁边的墙面上全部都是匍匐的薜荔，形成了一片绿墙，在绿墙的前面栽种了一丛木芙蓉花，如同在绿色屏幕前放置了一束鲜花，体现出了池畔配景的自然野趣。这种在水边设置垂直绿屏的配置方法，主要适用于栽种过多水生植物或景观庞杂的地方，它具有简化景物、统一景观的作用。

可以在北方水边种植的还有海棠、夹竹桃、旱柳、红枫、悬铃木、桑、梨、棕榈、棣棠以及一些具有千变万化的枝干的松柏类树木。当然，如果在水边栽种一些北方的乡土树种如槐树、毛白杨等，也会是一幅独特的风景画。相对来说，南方水边植物的种类更加丰富一些，比如串钱柳、乌桕、水松、蒲桃、榕树类、红花羊蹄甲、木麻黄、椰子、蒲葵、落羽松、垂柳等，都是很好的造景植物。

一、水景植物造景方式

一泓清水，荡漾浩渺，虽然会令人觉得广阔深远，但如果在水畔或池中结合水生植物的色彩与生长姿态来进行造景，则会使水景的意境更加优美。在我国传统的造景艺术中，水景通常会形成一种令人回味无穷的特有的的意境。例如，"茫茫芦花，阵阵涟漪，浑似白雪，水天一色，秋色美景，意境深邃"、"夹岸复连沙，枝枝摇浪花，月明浑似雪，无处认渔家"。通过实际的调查，并以传统水生植物的造景手法为基础，根据水域形式的不同，可以将水生植物的配置方式概括为以下4种。

（一）水域宽阔处的水生植物配置

这种环境下的植物配置的主要任务是要建造水生植物的群落景观，考虑的主要是远观效果。植物的配置注重于得到整体、浩大且连续的景观效果，主要是以量取胜，给人一种壮观的视觉感受，例如千屈菜群落、睡莲群落、荷花群落或多种水生植物的群落组合等。

（二）水域面积较小处的水生植物配置

这种配置考虑的主要是近观效果，更加注重的是单株的水生植物的观赏效果，如植物的姿态、色彩与高度等，十分适合于仔细观赏；其手法通常比较细腻，强调水面的镜面作用，因此在进行水生植物的配置时不宜过于拥挤，以免影响水中倒影以及景观的透视线。进行配置时要恰当地设置水面上的浮叶与挺水植物以及挺水植物的比例，一般情况下水生植物占水体面积的比例不宜超过三分之一，不然会造成水体面积缩小的不良视觉效果，便不可能形成倒影的景观。水缘植物的种植应该是间断的，要故意留出大小不一的缺口，以满足人们亲水与隔岸观景的需求。

（三）在河流等条带状水域中的水生植物配置

这种环境中的水生植物的配置要求水生植物疏密有致、高低错落，体现出韵律与节奏。

（四）人工溪流的水生植物配置

人工溪流的深浅与宽度一般要比自然河流小，最好可以做到清澈见底。这种水体的深浅与宽窄都是植物配置过程中需要重点考虑的因素，通常要选用株高较低的水生植物与之配合，而且体量不宜过大，种类不要过多，只要能够起到点缀的作用就可以。

二、水边植物配置

根据水边植物配置的艺术构图，需要注意以下几点。

（一）林冠线

林冠线就是植物群落配置后呈现出的立体轮廓线，其必须与水景的风格相互协调。例如"水边宜柳"，就是中国园林水景设计中配置水边植物的一种传统形式，当然，水边植物的种植也并不完全限制于这一种形式，比如在曲院风荷、三潭映月等的水池旁，通常都会栽种高大向上的落羽松、水杉与水松等树木，也可以创造出比较好的艺术效果。由于水杉等树种具有挺拔向上的特点，与水平面形成一竖一横的对比，符合艺术构图中的对比规律。尤其是将水杉群植所产生的林冠线与水面对比所呈现的效果还是很和谐的；相反，如果只是将一两株水杉单独的栽种在岸边，则会显得很不和谐。这种与水面形成对比的配置方式，适合于群植而不适于单独种植，当然同时还要注意与周围环境和园林风格相协调。

诸如三潭映月这种古老的景观，其水边种植的主要是姿态挺立、树形开展的大叶柳。如果在这里大量地种植水杉，即便是群植，也不能体现出其原有的风格，是不协调的。

（二）透景线

水边植物的配置之所以需要有疏有密，主要是由于在有景可观之处疏种，可以留出透景线。但水边的透视景与园路的透视景是存在差别的，它的景观并不只是一株树木、一座亭子或一个山峰，而是一个景面。在进行植物配置时，可以选种高大的乔木，并加宽株距，用树冠来形成透景面。比如可以在花港观鱼的新鱼池旁边种植一株广玉兰，冠幅5米，冠下高1.5米，刚好形成一个低矮、昏暗的观赏点。然后在观赏点设置坐椅，欣赏对岸阳光照射下的水景风光，就如同照相机的遮光罩，因这株广玉兰而增强了景物的清晰度与光线的明暗对比。

（三）季相色彩

植物会因季节的气候变化而产生不同色彩与形态的变化，倒映在水中，则会呈现出丰富多彩的季相水影。说到大自然的季相色彩，九寨沟的五彩池最具有代表性，山林里的风吹过，漫山的金秋的彩树轻轻摇晃，宛如在天幕上拉开了一幅巨大的壁毯，水中的倒影则像是海底龙宫中飞舞的一片彩幡，这一泓绚丽的碧水，像是溶进了彩墨，而呈现出海底明珠和宝石般的晶莹闪烁的万种美丽与奇妙。

水边的一片杏林，到了花开之时，便形成了一幅幅繁花烂漫、绚烂生动的春景，真可谓是"万树江边杏，新开一夜风，满园深浅色，照在绿波中"、"一陂春水绕花身，花影妖烧各占春"。

春天在水边种植的主要是垂吊着满树黄花的栾树与缀满粉红色花的合欢树，秋天则会栽种各种色叶木，如枫香、槭类等，都可以更好地丰富水景的季相色彩。冬天的水边植物可以是耐寒又艳丽的盆栽小菊，以弥补季相的不足之处。

第三节　水面的植物造景配置

目前有很多种可以用于水面绿化的植物，而且按其种类还可以分为沉水植物、浮水植物与挺水植物等。水面植物是水体绿化中必不可少的一种植物素材，植物景观配置比较好的大片水体可以提供明净而开阔的视野，给人一种心旷神怡、清雅脱俗的感觉。同时，水面植物还具有划分空间的作用。根据设计者的需要可以将比较开阔的水面空间分隔成动、静不一样的区域，由此更加丰富了水体的景观效果，独具特色的水生植物又一次给人们带来了数不胜数的乐趣。

一、水面植物的选择原则

一般来说，种植水面植物时不宜过于拥挤和密集，而且要与水面分区相结合，能够在有限的空间里预留出充足的开阔水面来呈现倒影以及体现水中欢快的游鱼。南北方种植的水面植物的差别并不是很大，基本上都是芦苇、荷花、千屈菜、萍蓬、水藻、菖蒲、睡莲与鸢尾等。在靠近岸边的地方，还会栽种燕子花、薄荷、灯心草、丁香蓼、毛莨、勿忘我、羊胡子草、水芋、婆婆纳以及一些苔类植物，沉入水中或者漂浮在水面上的主要以水藻类植物为主，比如大家熟悉的金鱼藻、狸藻与狐尾藻等，还有水藓、水马齿与欧菱等也是常用的浮水和沉水植物。

选种水生植物是需要遵循很多的原则，其中最主要的一条是合适为宜。

（一）以建造一个生态平衡，没有水藻的水体为前提

要想让水体里没有水藻，则必须使水体具有足够大的表面积，这样才能够让那些依靠阳光才能生存的水藻不能存活，这就需要叶片可以遮盖水面的植物来完成。在春天长叶片的水生植物中，睡莲科水生植物具有十分重要与

显著的地位和作用，当然浮水型水生植物或深水型水生植物也可以具有同样的覆盖作用。同时，水体中还需要有足够多的植物来消耗水藻生存所要依靠的矿物盐，从而使水藻难以存活。例如浮水型水生植物与深水型水生植物为得到养分会形成相互竞争的关系，在这种情况下，水藻会死亡，水体的水也就能够保持清洁。

所以，要想要得到一个生态平衡的水体，其表面大约1/3的区域都要被叶片遮盖，而且该水体中必须种有大量的深水型水生植物。使用过滤器或杀藻剂当然也可以清洁水体，但是想要实现植物之间良好的生态平衡，必须要长久性地解决水藻问题。

（二）结合水景的用途与类型

当水体中栽种的具有某种特殊作用的植物达到一定数量时，可以选种一些其他类型的植物，比如沼生植物与水际植物，注意这些植物要与水体的设计相协调。当水体中的植物按照某些模式而不是随意种植时，整个水体会看起来更加整齐。自然式的水体中可以栽种各种各样的植物来弥补周围环境的不足，从而使该水池尽量地贴近自然。

（三）结合植物的生长习性

（1）大部分的开花植物的生长都需要阳光，所以，水体的表面不能被任何高的、长的、浓密的，特别是生长在水体表面的水际植物所遮盖。

（2）大部分的水生植物，除了一些水际植物外，都可以经受住流动的水对它们的冲击。特殊情况下，可以在静态水的边界，小心地放置一些石头，来引导水流向小溪或水池的中心流动，这样就可以在流动水体的边上栽种植物了。

（3）有些水体中会种有野生植物，一般是种植当地的乡土植物，或者引入一些可以食用的植物，要尽量地促进更多的野生植物长成高大的水际植物，进而产生一个或两个遮蔽水面的区域。

（4）按照沉水型植物与深水型水生植物在水中的栽种深度的要求，可以将它们栽种在水池中比较深的地方，较浅区域栽种水际植物，沼泽区域栽种沼生植物。同样，设置容器植物的原则也是如此，如果有其他需要可以将水际植物放置在砖块上，使它们生长于合适的深度中。

（四）充分考虑水生植物的花期

当水体中充满水时，才可以栽种植物。深水型水生植物在离开水1~2h后开始死亡。当创造一个观赏性的水体时，最应该思考的问题是该水体中所栽种植物的开花期。大部分开花的水生植物，如睡莲科水生植物，夏天是它们生长最好的时候。由于夏季开花的植物在春天和秋天不开花，这时需要用春天和秋天开花的品种来进行弥补。所以，要选种不同种类的植物，以达到协调的效果。

二、水面植物的配置方式

不同的植物材料与不同的水面可以产生不同的景观，比如在广阔的湖面种植睡莲，浮光掠影、波光粼粼，微风吹过泛起阵阵涟漪，景色十分壮丽。在小水池中栽种几丛睡莲，显得生机勃勃、清新秀丽。而王莲由于其硕大如盘的叶片，只有栽种在比较大的水面才能体现出其粗犷雄壮的气势。水中植物的配置如果用荷花，可以表现出"接天莲叶无穷碧，映日荷花别样红"的意境。但如果岸边有亭、台、楼、阁、榭、塔等园林建筑时，或者水景设计中有观叶树种、优美的树姿、色彩鲜艳的观花等，水中植物的配置千万不能拥塞，要留出足够空旷的水面来展现倒影。水体中水生植物的配置面积不宜超过水面的1/3。在比较大的水体旁边栽种高大的乔木时，要注意透景线的开辟与林冠线的起伏。在可以倒映景观的水面，不适合种植过多的水生植物，以扩大空间感，将近树、远山与建筑物等组合起来，形成一幅"水中画"。

小水池的水面或者是在大水池中比较独立的一个局部适于全部栽满植物。在南方的一些自然风景区中，留存了农村田野的韵味，在水面上铺满了红萍或绿萍，像是红色的平绒布或一块绿色的地毯，也是一种野趣。在乡镇的寺庙水池中，也存在这样的设置方式。在水面部分栽植水生植物的情况比较普遍，其配置必须要与周围景观的视野、水面的大小比例相互协调，特别是不能破坏倒影产生的效果。名贵的植物品种，要栽种在游人视距最清楚的视点上，以充分地发挥其观赏作用。

为了丰富水景，不只是在水面与水边进行植物的配置，还需要深入到水中和水底，比如一些自然泉水中具有非常丰富的水草，需要考虑就近设置观赏点进行仔细的欣赏，具有一种观赏自然的雅趣，就像是在水中观赏雨花石一般，给游人以一种文雅、自然的静态游乐的享受。

第七章　中外园林景观

第一节　中国园林景观的发展

追溯中国园林景观设计的起源，不难发现，它的历史十分悠久。今天的园林景观设计的实际含义类似于我国古代的园林设计。大约从公元前11世纪到19世纪末，我国的园林景观设计历经了三千多年的发展演变最终形成了风格独树一帜的风景式园林体系。

一、汉代以前的生成期

这一时期主要包括商、周、秦、汉四个朝代，是我国园林景观的产生期和发展初期。中国园林的雏形形成于奴隶制社会后期（商末周初），它是一种苑与台相结合的形式。"苑"是指一个被圈定的自然区域，人们在里面放养许多野兽和鸟类。苑主要用于狩猎、采樵、娱乐，具有明显的人工猎物的性质。"台"指的是园林中的建筑物，是一种人工建造的用来观察天文气象和观光游览的高台。公元前11世纪，周文王下令建造的灵沼、灵台、灵囿是最早的皇家园林。

之后，秦始皇灭诸侯实现一统，在国都咸阳修建了上林苑。苑中修建了大量宫殿建筑，最主要的一组建筑群就是著名的阿房宫。上林苑内花草繁茂，绿荫覆盖，是这一时期最大的皇家园林。

在汉代，皇家园林是造园活动的主流形式，汉代皇家园林继承了秦代的传统，既保持了其基本特点，又发展出了许多新的形式。苑已成为具有居住、娱乐、休息等多种用途的综合性园林。汉武帝时扩建了上林苑，苑内修建了大量的宫、观、楼、台，供游赏居住，并种植各种奇花异草，畜养各种珍禽异兽，供帝王狩猎。汉武帝信方士之说，追求长生不老，在最大的宫殿建章宫内开凿太液池，池中堆筑"方丈""蓬莱""瀛洲"三岛来模仿东海神山，运用模拟自然山水的造园方法和池中置岛的布局形式。在这之后，"一池三山"成为历代皇家园林的主要模式，一直延续到清代。汉武帝以后，贵族、官僚、地主、商人广置田产，拥有大量奴隶，过着奢侈的生活，并出现了私家造园活动。这些私家园林规模宏大，楼台壮丽。在西汉就出现了以大自然景观为师法的对象、人工山水和花草房屋相结合的造园风格。这些园林已经初备风景式园林的特点，但仍处于较为原始、粗放的形态。在一些传世和出土的汉代画像砖、画像石和明器上，我们能看到汉代园林的形象。有许多现代旅游景点对汉代园林景观建筑进行了仿效。

二、魏晋南北朝的转折期

魏晋南北朝是中国古典园林发展史上的一个转折点。造园活动开始在民间普及，园林的运作已经完全转向满足人们的物质和精神享受，并升华至艺术创作的新境界。在魏晋时期，社会动荡，士绅阶层深深地感受到了生死无常、贵贱骤变的现实，加之当时佛道思想的影响，他们大多崇尚玄谈、寄情山水，讴歌自然景物和田园风光的诗文涌现文坛，山水画也开始萌芽。这些都促使知识分子重新认识自然，并从美学的角度来理解它。人们对自然美的欣赏取代了过去面对自然时神秘、敬畏的态度，从而成为中国古典园林美学的核心。虽然当时的官僚都身居庙堂，但他们热衷于在自然中游乐放松。为了避免长途跋涉的痛苦以及实现长期拥有自然景观的目的，他们开始建造风景园林。此后，文人、地主和商贾也开始竞相效仿，私人园林应运而生。

私家园林特别是依照大城市邸宅而建的宅园，由于地段、经济和礼法等各种因素的限制，规模十分有限，不能太大。那么，为了在有限的土地上充分反映自然景观的神韵，有必须要使用"以小见大"的规划方法。私人建造山水园林不能再用汉代园林中那样单纯模拟自然景观的方法，而是应该对自然景观进行适当的概括和提炼，从而创造出一种写意的造园风格。例如，在私人园林中，叠石成山的手法更为常见，并且对单块奇石的欣赏开始出现。园林水景规划的技巧比较成熟，水体丰富多样，在园林中占有重要地位。园中经常将各色植物与山石水体相配合，以此来划分园林空间。园林中的建筑力求与自然环境相协调，并且经常使用诸如"借景""框景"之类的艺术处理方法。简而言之，园林的规划和设计正朝着精致细腻的方向发展，造园开始成为一门真正的艺术。

由于皇家园林受到了当时民间造园趋势的影响，再现自然景观风雅意境的典型风格开始逐渐取代了旧有的单纯模仿自然的方式。在汉代以前流行的畋猎苑囿，开始逐渐变为以表现自然美为目标的开池筑山的园林。在这一时期，由于佛教盛行，一种新的园林类型——寺庙园林出现了。它从一开始便向着世俗化的方向发展。文人名人们经常聚集在一些城市近郊的观景胜地，这些地点在文献中也有所体现，如新亭、兰亭等。兰亭在今浙江绍兴西南近郊的兰渚，建于晋代永和九年（353年），王羲之邀友在此聚会并写下了《兰亭序》，之后声名大噪。

三、唐宋的全盛期

在魏晋南北朝时期的园林艺术的基础上，随着封建经济、政治和文化的进一步发展，唐宋园林蓬勃发展。

唐代私家园林比魏晋南北朝时期发展的更加繁荣，普及面更广。当时，首都长安城内的宅园几乎遍布各个里坊，城南、城东的近郊远郊各种"别业""山庄"也不在少数。大多数皇室私人园林都以奢华著称。在这些私园中，常设有楼阁亭台、山池花木和盆景假山。这一时期，除了皇室贵族，文人们也参加了造园的活动，文人园林兴起。文人园林将儒、释、道三家的哲理集于一身，园林格调清新淡雅、恬静朴拙，意境幽远而丰富。这些都促进了写意创作手法的进一步深化，为宋代文人园林的繁荣奠定了基础。唐代皇家园林的规模宏大，主要体现在园林的整体布局和局部设计上。园林的建筑逐渐规范化，大体上可以分为大内御苑、行宫御苑和离宫御苑等类型，体现出"皇家气派"。

在宋代，由于相对稳定的政治局面和农业手工业的发展，园林也在原有基础上渗入地方城市和社会各阶层的生活，上至君王，下至百姓，无不大兴土木，广营园林。皇家园林、寺庙园林和城市公共园林大量建成，其数量之多和分布之广，在宋朝之前是闻所未闻的。其中，私人园林最为突出，文人园林尤为繁盛，文人雅士在园林中集中体现自己的世界观和审美趣味，营造出简净淡雅的园林风格。这种风格几乎影响到了所有私家园林的建造，同时还影响到皇家园林和寺庙园林。建造于宋代的沧浪亭（文人园）是现存历史最为悠久的一处园林。

宋代城市公共园林发展迅速。例如，南宋时期，西湖持续发展已成为当时的观光景点。在西湖的周围建有大大小小许多园林，包括私人园林、皇家园林和寺庙园林，它们各抱地势，借景湖山，与自然融为一体。这些园林利用天然的地理条件营造景观，使人工园林与自然环境融为一体。

唐代园林创作主要采用写实与写意相结合的手法，但到了南宋时期已经形成大体上以写意为主的风格。受禅宗哲理和文人写意风格的直接影响，宋代园林整体呈现出"画化"的特点。景题、匾额的运用，又赋予了园林"诗化"的特征。它们不仅将园林的诗情画意抽象地体现出来，还深化了园林的意境，这正是中国古典园林所追求的境界。唐宋的园林艺术深深地影响了日本这个一海之隔的邻国的园林风格，日本的园林艺术与唐宋时期中国的造园艺术十分相似。后来，日本受到佛教思想的影响，特别是禅宗的影响，园林设计禅意十足，风格闲致淡泊。

四、明清的成熟期

明清园林继承了唐宋传统并经过长期安定局面下的持续发展，无论是造园艺术还是造园技术都已十分成熟，代表了中国造园艺术的最高成就。与前几个阶段相比，明清时期的园林受诗歌和绘画的影响更深。不少文人画家都有着造园的本领，许多造园匠人也都是能诗善画之才，因此这一时期的造园手法仍是以写意创作为主导。这种写意风景园林所表现出来的艺术境界也最能体现当时文人所追求的"诗情画意"。这个时期的造园技艺已经成熟，丰富的造园经验经过不断积累，由文人或文人出身的造园家总结成理论著作刊行于世，这是史无前例的，如明代文人计成所著的《园治》。

能够代表明清时期的私家园林最高水平当属江南私人宅园，数量较多，主要集中在南京、苏州、扬州和杭州等地。江南是明清时期经济最发达的地区。经济的发展促进了区域文化水平的不断提高。这里有很多文人雅士，文风之盛在全国首屈一指。江南地区风光秀丽、河流纵横、湖泊遍布，生产优质园林石材，有大批能工巧匠，土地肥沃，气候温和湿润，树木和花卉易于生长，这种种条件都为园林的发展提供了极为有利的物质条件和自然环境优势。

江南私家园林保存至今有为数甚多的优秀作品，如拙政园、寄畅园、留园、网师园等，这些优秀的园林作品如同人类艺术长河中熠熠生辉的珍珠。江南私家园林以其深厚的文化积淀、优雅的艺术风格和精湛的造园技术，在私家园林中占有重要地位，成为中国古典园林发展史上的巅峰，代表了中国风景式园林艺术的最高境界。清代皇家园林的建筑规模和艺术造诣都达到了历史上的高峰。乾隆皇帝六下江南，对当地私家园林的造园技艺倾慕不已，遂命画师临摹绘制，将其作为皇家建园的参考。这在客观上使得皇家园林的造园技艺深受江南私家园林的影响。但皇家园林规模宏大，是对至高无上的君权的体现。清代皇家园林艺术的精髓主要汇集在各种大型园林当中，特别是圆明园、颐和园、承德避暑山庄等大型宫殿建筑群，堪称是清代皇家园林的三大杰作。随着封建社会的衰落，古典园林艺术也从高峰跌落到低谷，逐渐衰落。清乾隆、嘉庆时期是中国古典园林的最后一个繁荣时期，这一时期的园林不仅彰显出过去的辉煌历程，还预示着末世的到来。到咸丰和同治时期以后，外辱频繁、国势衰微，再没有进行过大规模的造园活动。园林艺术随着我国沦为半殖民地半封建社会而逐渐进入一个没落、混乱的时期。

五、中国近现代园林

中国公共园林出现得很晚，直到清朝末期才出现了几个所谓的公园，但也仅限于各租界，并为外国人所拥有。虽然在北京开辟了一些供公众参观的皇家园林，但其设施和规划并没有做出改变，仍保持古典园林的形式。虽然杭州西湖一带有丰富的园林景观，但主要是禁园和私人园林。虽然国内已经由于受到外国城市公共绿地的启发和影响，有意建造公共园林，改善城市绿地。但是，在民国初期，由于军阀的战争和帝国主义列强的侵略，社会处于黑暗与战乱之中，经济受到严重破坏，并不具备兴建公园绿地的条件。

这一时期的国家非但无力建设推广公共园林，甚至连明清时期的古典园林都难以保存下来。中华人民共和国成立后，社会环境逐渐稳定下来，经济渐渐复苏，真正意义上的现代园林和城市绿化才得以迅速发展。从清末开始到中华人民共和国成立前的半个多世纪，虽然不是我国园林的发展阶段，但它却是公园等新的园林形式开始出现的关键转折点，为我国的园林提供了新的发展方向。在这一时期，除租界公园以外还有官僚军阀或富裕商贾建造的私园别墅，然而这类私园别墅已进入发展尾声，公共园林逐渐成为主流。

1.中国近代公园

中国近代公园主要包括以下三种类型。

（1）租借地中的公园。这些公园为外商或外国官府所建，主要对洋人开放，已在20世纪初陆续被收为国有，目前保存的主要有如下几处：上海滩公园，亦称外滩花园，在黄浦江畔，建于1868年；上海法国公园，建于1908年，又称顾家宅院，现为复兴公园；虹口公园，建于1900年，在上海北部江湾路，现为鲁迅纪念公园；天津英国公园，建于1887年，现为解放公园；天津法国公园，建于1917年，现为中山公园。

（2）中国政府或商团自建的公园。1906年，无锡地方乡绅自发筹资在惠山建起我国第一个由国人自己建造的公园——"锡金公园"。随后，中国政府或商团在全国各地相继自建了很多公园，如1910年所建的成都少城公园，现为人民公园；1911年所建的南京玄武湖公园；1909年所建的南京江宁公园；1918年所建的广州中央公园，现为人民公园；1918年所建的广州黄花岗公园；1924年所建的四川万县西山公园；1926年所建的重庆中央公园，现为人民公园；南京中山陵等。

（3）由皇家苑园、庙宇或官署园林改造而成的公园。这一时期在公园和单位专用性园林的兴建上开始有所突破，在引入西洋园林风格上有所贡献，在将古典苑园或宅园向市民开放方面迈出第一步。例如，先农坛，1912年开放，现为北京城南公园；社稷坛，1914年开放，现为中山公园；颐和园，1924年开放；北海公园，1925年开放；上海文庙公园，1927年开放。此类园林绿地都是利用皇家苑园、庙宇或官署园林改造而成并向公众开放的。抗日战争前夕，全国有数百处此类公园，尽管在形式和内容上极其繁杂，但都面向市民开放。

2.现代公园、城市园林绿化

中华人民共和国成立后，党和政府非常重视城市建设事业，在各市建立了园林绿化管理部门，负责园林的建设工作。在第一个五年计划期间，国家提出"普遍绿化，重点美化"的政策方针，并将园林景观绿化纳入城市建设的总体规划，在旧城改造和新工业城镇建设中，园林绿化工作初见成效，各种形式的公共绿地迅速发展。几乎所有大城市都建成了设施完善的综合性文化休憩公园或植物园、动物园、儿童公园和体育公园等公共园林绿地。例如，北京的紫竹院公园、杭州的花港观鱼公园、上海的长风公园，都是中华人民共和国成立初期建造的综合性公园。

3.当代园林建设

1992年后，我国开展了旨在打造国家园林城市的城市环境整治活动，取得了显著成效，促进了城市建设向生态优化方向发展。以此为动力，各城市积极开展创建园林城市的活动，从改善城市生态环境、提高人居质量出发，不仅提高了城市的整体品质和品位，还改善了投资和生活环境，鼓励公众更加爱护和关心城市的环境质量和景观面貌，使城市的精神文明建设水平得以提高，大大促进了当地社会、经济、文化的全面发展。

在建设园林城市的过程中，各个城市充分结合中国特色社会政治经济制度，集中人力财力物力，建设与城市居民生活和城市形象提升相关的各种城市公共园林，体现城市景观建设的人性化、生态化和经济新理念，超越了西方超现实的"只见物不见人"的大地景观模式的现代景观发展思想，并出现了大量成功的景观设计案例。

第二节 外国园林景观概述

一、美国国家公园

1872年在美国西部怀俄明州北部落基山脉中建成的"黄石国家公园"，是世界上第一个国家公园。这里温泉广布，有数百个间歇泉，水温达85℃。美国现有的国家公园包括国家名胜、国家纪念建筑、国家古战场、军事公园、历史遗址、国家海岸、河道等20多种形式，达321处。大片的原始森林，壮美的广阔草原，珍贵的野生动植物，古老的化石与火山、热泉、瀑布，形成美国国家公园系统。

美国现代公园注重自然风光，室内和室外空间相互连接，使用自然曲线池和混凝土道路。园林建筑通常使用钢铁和木材，以分散的树木、山石、雕塑、喷泉和其他景观装饰园林。美国国家公园严禁狩猎、放牧和砍伐树木。大多数水源不得用于灌溉和建设水电站。园区交通便利，设有露营地和游客中心便于人们前来旅游和进行科学考察。

二、英国风景园

15世纪以前，英国园林风格比较朴实，以大自然草原风光为主。16至17世纪，受意大利文艺复兴的影响，一度流行规整式园林风格。在18世纪，由于欧洲浪漫主义的兴起，出现了追求自然美和反对规整的人工布局的趋势。中国的风景式园林在经过威廉·康伯的介绍之后，曾经在英国受到推崇。直到工业革命以后，牧区荒芜，城郊为英国自然景观园林的发展提供了大规模的造园用地，才发展出英国的自然式风景园。

英国风景园一般设有自然水池和略带起伏的大片草地。道路、湖岸和树木边缘线是自然而平滑的曲线。树木主要为孤植或丛植，植物以自然的方式种植，种类繁多，色彩丰富，通常以鲜花为主题，其间点缀有小型建筑。园内小径一般不进行铺装，人们可以在草地上自由活动，追寻田园的野趣。园中的墙壁是隐蔽式的，采用自然的过渡手法。英式园林建立在生物科学的基础上，发展出主题类型的园林，如岩石园、高山植物园、水景园、沼泽园，或以不同的植物作为主题，如玫瑰园、蔷薇园、百合园，等等。

三、意大利台地园

意大利文艺复兴时期的造园艺术成就很高，在世界园林史中占有重要的地位。当时的贵族们推崇田园生活，经常会迁居到郊外或海边的山坡上，依山建造庄园别墅。布局采用几何图案的中轴对称形式，下层采用花卉和灌木制作花坛；中、上层是主体建筑，植物栽培和修剪应注意与自然景观的过渡关系，建筑部分附近的规则式风格逐渐减弱。从内向外看，是从整体修剪的树篱到未修剪的树丛，再到公园外的大型天然树林。

意大利台地园中的植物以常绿树木为主，如石楠、黄杨、珊瑚树，等等，采用规则图样的绿篱造型，以绿色为主色调，很少使用五颜六色的鲜花，给人一种舒适、安宁的感觉。高大的树木既可以提供绿荫，又可以用作分隔园林空间的材料，因此常常出现在意式台地园中。意大利台地园建在山坡上，周围是广阔的美景，较高的地势既有利于远眺和俯瞰风景，也有利于引用山上的山泉造景。水景通常是园中的主要景观，包括瀑布、水池、喷泉、壁泉，等等，继承了古罗马的传统并发展出新的内容。因为意大利位于阿尔卑斯山的南部，山丘起伏，植被茂盛，大理石资源丰富。因此，在风光秀丽的台地园中经常能见到精美的雕塑，这也成了意大利台地园的独特艺术风格。

四、法国几何式宫苑

17至18世纪的法国宫苑受到意大利文艺复兴运动的启发，结合该国的自然条件，创造出具有独特法国风格的园林艺术。法国地势平坦，雨量适中，气候温和，多落叶阔叶林。因此，法国宫殿经常以落叶阔叶林木作为经过精心修建的常绿植物的背景，并使用黄杨、紫杉等树木建造图案树坛，以品种多样的花卉和草本植物建造图案花坛，然后以大面积的草坪和茂密的树木来衬托华丽的花坛。行道树主要使用法国梧桐，建筑物附近有修剪过的绿篱，如黄杨、珊瑚树，等等。

法国宫苑精致开朗，层次分明，对比强烈。水景主要由河流、水池、喷泉和大型喷泉群组成。建筑物、雕塑和植物围绕水面四周，以增加景观的动感、倒影和变化，从而达到扩大空间的效果。路易十四建造的凡尔赛宫是法国宫苑的杰出代表。

五、日本缩景园

日本园林受到中国唐代"山池院"的影响，逐渐形成了独特的"山水庭"。这种景观非常精致和紧凑。它模仿自然风光，将各色景观浓缩于庭院之中，犹如一幅自然风景画。山水庭中一般都饰有石灯和净手钵等陈设，并注重色彩层次和植物搭配。

日本传统园林有筑山庭、平庭、茶庭三大类。

1.筑山庭

筑山庭是人造山水园，集山峦、平野、溪流、瀑布等自然风光精华于一身。它以山为主景，以重叠的山头形成近山、中山、远山、客山、主山，重点是从山中流出的瀑布。庭中的山主要以土堆积而成，上植盆景式乔木、灌木以模拟山林，并布置山石，象征着石峰、石壁和山岩，形成自然景观的缩影。山前一般是水池或湖面，池中置岛，池的右侧为"主人岛"，左侧为"客人岛"，两岛以小桥相连。

筑山庭供眺望的部分称"眺望园"，供观赏游乐的部分称"逍遥园"；池水部分称"水庭"。日本筑山庭另有"枯山水"，又称"石庭"。其布置类似筑山庭，但没有真水，而是以卵石、沙子划成波浪，虚拟为水波，置石组模拟岛屿，表现出岛国的情趣。

2.平庭

平庭通常安排在平坦的场地中，分散地布置有一些形态、尺寸各异的石块，饰以石灯、植物、溪流等景物，象征着原野和谷地，岩石象征着山岳，树木代表着森林。平庭还采用枯山水的形式，以沙象征水面。

3.茶庭

茶庭是一小块相对封闭的园地，与庭院的其他部分相隔开来，一般设置在筑山庭平原之中，周围环绕着竹篱或木栅栏，设有小庭门。茶庭中的主体建筑为进行茶道仪式的茶屋，一般进入茶屋必须经过茶庭的庭院。进入茶庭时要先洗手，所以茶庭内设有净手钵、石灯笼。一般极少选用鲜艳的花木，庭地和石山通常只配有青苔，如深山幽谷般的清凉世界，是以远离尘世的茶道气氛引人沉思默想的庭园。

第三节 中外园林景观的主要区别

中式园林都是自然形态的，如蜿蜒的走廊、错落有致的植物搭配，多用于自然怡人的休憩庭院。

中国园林景观设计的理念源于自然，却又高于自然，展现出自然的魅力。中国园林环境艺术的特点是以亲近和谐的态度对待自然。在造园过程中，我们注重对自然物的模仿和创新，努力在园林景观中再现自然界中的各种事物。景观的造型和气势使园林中的各种景观都具有自然的魅力，并达到"虽由人作，宛自天开"的程度，真可谓是"巧夺天工"。颐和园的昆明湖和万寿山以及两堤、六岛、九桥似乎原本就生于自然，十分和谐，毫无人工穿凿之感。避暑山庄模仿蒙古草原、青藏高原、新疆、江南的风景名胜。虽取材甚广，但巧匠们因地制宜，将这些元素依附与场地内本身就有的自然因素，吸取了自然之势，显得尤为壮观。宫殿建筑简洁典雅，与园区内的花草、山石、湖水相协调，整个山庄都充满了浓厚的自然气息。再到江南，苏州古典园林韵味十足。网师园的池水，沧浪亭的假山，留园的山水景色和田园风光，以及狮子林的奇峰、阴洞、石笋、古木，等等，都展现出奇妙的自然魅力。虽然苏州的古典园林大多位于市区，在功能上是住宅的延续和扩大。然而，当你置身其中时，那些被巧妙设置在园中的山石林木、凉亭游廊以及亭台楼阁，将带你忘却城市中的喧嚣，亲近自然，感受自然的魅力。园中的每个角落仿佛都源于自然，充满着自然的意趣。可以说，亲近自然，源于自然，高于自然，是中国古典园林的一大特色，也是一大优点。

西式园林多规整图形，如对称的绿篱、修剪成形的植物，多用于气势磅礴的大型庭院广场。

西方园林设计理念与中国园林的设计理念截然不同。从某种意义上说，西方园林以对抗的方式对待自然。在西方造园家眼里，自然景观不是模仿、引进、提炼的对象，而是改进、重造和改变的对象。西方园林着眼于人工创造，园林中的景物不是顺应自然，而是就范于人工的。园林里的所有景物，无论是建筑物还是植物景观，都有清晰的人工雕刻的印记。亭台楼阁整齐排列，花草树木修剪成形，水源理成喷泉，一切都十分规整。虽然园中有很多自然物，然而自然的魅力却减少了很多。法国古典园林的精华——凡尔赛宫就是西方园林景观表现人工创造的典范。宫苑中的皇宫、教堂、剧院等按照一定的规则整齐地排列着，即使是柱廊、花坛、雕像、喷泉也都布置得井井有条。自然景观因人工而变得严整规范，这充分体现出人改造自然的力量。意大利的庄园也是一样的，突出人工安排，如佛罗伦萨的波波里御园、罗马的埃斯特庄园等，都有方形建筑，植物修剪整齐，人工痕迹十分明显，几乎不存在自然的气韵。在整体布局上，西方园林的设计布局是几何形的，以建筑物为主体。整个园林清晰、有序、整齐、开放。而中国园林采用的是一种山水画式的布局，将空间布局转化为时间流程，构图复杂多变，游人需要静心游览，步步深入，在每一次转弯，进入每一道园门时都会有惊奇的体验。

在西方古典园林中，建筑是主体，自然景物只是装饰，建筑的风格和式样不受自然景物布置的影响，但自然景观和花木的修剪和布置必须服从建筑的主题和风格。可以说西方古典园林以建筑为中心，按照建筑原则建造。因此，园林景观只是建筑物的扩展或延伸，而草木山石似乎是建筑的一个组成部分。此特点在法国古典园林中十分突出。

中西方景观之间更重要的区别在于意境的不同。如诗歌、绘画、雕塑、建筑等艺术一样，园林也有意境。西方园林就像他们的史诗和油画，如史诗一般雄浑、壮阔、整齐、清晰，像油画一样色彩丰富、厚重、立体。西方园林是寓理的艺术，他们的诗歌和绘画都更加趋于理性，表达的情感也是理性的，这是西方园林的特色。而中国园林的基本特征是寄情于景，园林中的一草一木，每一块山石，每一条游廊都寄寓着造园人的情感，尽管也有理性的存在，但它也早已融入情感之中。

纵观东西方园艺景观史，造园思想的差异直接导致了手法的差异。在不同文化背景、审美风格的影响下，东西方造园思想也有了天壤之别。